版式设计
全攻略

(日) 佐佐木刚士 / 编著
暴凤明 / 译

LAYOUT DESIGN MANUAL

中国青年出版社
CHINA YOUTH PRESS

中青雄狮

很多时候我们会遇到以印刷品为设计对象的情况，其中包括杂志、书籍、广告传单、条幅、海报、商品快讯，以及营业证、名片、图表等等。根据委托人的意图及希望达到的效果不同，设计作品的最终视觉效果也会大相径庭。比如，"希望广告牌在铺面里显得更引人注目"，"首先要使其便于识别，并同时保证美观"等等。

在理解了印刷品的背景等各种信息之后，当准备展开设计时，经常会出现这样一种情况，即不知道究竟该采取怎样的设计方式，才能实现与意图相应的视觉效果。同时，对设计缺乏变化、经常出现雷同作品这一问题而深感苦恼的设计者恐怕也不在少数。

本书汇集了大量的设计构思和灵感，以期能够避免或减少设计者们在实际设计工作中的困惑与彷徨。希望设计者们能从本书所登载的构思中获得灵感，设计出实际、贴切的印刷品。如果本书能够有助于实现更具魅力的设计，哪怕是微不足道的帮助，我都将深感欣慰。

佐佐木刚士

目录

第**4**章 # 图形

附录 # 方法要点

本书中的图标说明

本书为各个设计构思设置了作业标准。图标的意义见右侧图解。有的案例只附有一个图标，而必须进行手绘的作业，因为比较花费时间和精力，所以会同时标注✎和⏰。这些图标作为评价实际设计构思的标准，供大家参考。

❗ ▶ 通过电脑软件处理即可实现的设计构思。无需事先准备。

✿ ▶ 为实现这种设计构思，必须要运用身边的布料、纸张等素材。

✎ ▶ 为实现这种设计构思，必须进行手绘等手工作业。

📷 ▶ 通过数码拍摄、扫描，即可实现的设计构思。

⏰ ▶ 需要人工手绘、收集素材等，是比较花费时间和精力的设计构思。

第 1 章

整体构成

编者注：在右翻书中，阅读顺序为从右到左。本书中引用的部分图例为右翻书，因此一些标题设置在页面的右侧。但是无论是左翻书还是右翻书，其版式设计的原理是相同的。

追求单页版面的成功构成

版面制作是从
构思整体结构开始的。
在板式设计开始之前，
应首先明确设计的方向。

竖开本中以竖排1栏文字为基础

这是书籍等版式设计的基本类型，版面面积较小的媒体可以使用。在需要凸显版面的视觉冲击效果时也可以使用。

竖开本中以竖排 2 栏文字为基础

使用 2 栏文字的排列方法，保证了文字的易读性。2 栏之间的距离控制在正文字宽的 2 倍为宜。

竖开本中以竖排 3 栏文字为基础

与竖排 2 栏文字的设计相比，版面的视觉张力得到加强。但是，在版面面积较小的情况下，会出现不易阅读的问题。

竖开本中以竖排 4 栏文字为基础

在不足 A4 或 B5 大小的版面中应尽可能避免此种布局设计。偶数数量栏的文字结构可以与将版面进行 2 次分割的布局（参照第 13 页）搭配使用。

竖开本中以竖排 5 栏以上文字为基础

需要在单页内表达完整信息时，此种设计布局效果最佳。另外，在"希望营造类似报纸一样的感觉"时，也可以采用此种布局结构。

竖开本中以横排 1 栏文字为基础

与竖排文字相比，横排文字更容易使人产生亲切感。与竖排设计相同，适当的版面大小和每行的字数是十分关键的。

竖开本中以横排 2 栏文字为基础

需要注意的是，竖开本中横排 2 栏文字中的每一行文字要比竖排时短，在版面面积较小时，这种布局设计会给阅读带来不便。

竖开本中以横排 3 栏文字为基础

与横排 2 栏文字的设计相比，版面的视觉张力得到加强。奇数栏的文字结构具有使人感到"新颖、变化"的功能。

竖开本中以横排 4 栏文字为基础

此种布局一般只能用于版面面积较大的媒体设计中。但是，此种不常见的布局设计可以凸显版面的视觉冲击效果。

栏宽不等的文字结构

与栏宽相同的文字结构相比，此种设计布局可以产生很多变化形式。例如，等宽的 3 栏组合可以分割为"2 栏 +1 栏"的形式。

将文字栏与图片相结合的布局

即所谓的"自由布局"。没有了呆板、艰涩的印象，取而代之的是轻松、自由的感觉。但是，要想把握这种没有标准的"完全自由"，难度很大。

无需事先准备

利用身边的素材

必须进行手绘作业

必须拍照·扫描

比较花费时间和精力

横开本中以横排 1 栏文字为基础

!

海报等媒体中需要横向延伸的版面很多。但是必须注意，在版面面积较小的情况下，由于每行文字过长，会造成阅读障碍。

横开本中以横排 2 栏文字为基础

!

与横排 1 栏文字的设计相比，文字栏宽大幅度缩短。但是应注意，如果此处的文章意在供人仔细阅读，此种文字布局还是会使读者感到不便。

横开本中以横排 2 栏以上文字为基础

!

如果版面横向较长，此种以横排 3 栏文字为基础的布局是首选方案。当然，与版面大小的平衡是十分重要的。

横开本中以竖排 1 栏文字为基础

!

需要在单页内表达完整信息时，此种设计布局是很少见的。但是，在需要体现规整、正式的效果时，可以采用此种布局结构。

版面是正方形时的布局设计

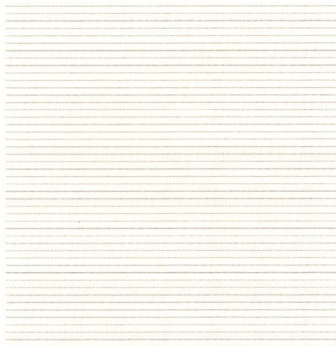

!

这是通过技术工艺实现的不规则版面。与规则版面相比，视觉冲击力更强。需要在单页内表达完整信息时，经常用到此种布局设计。

版面极端细长时的布局设计

!

这也是一种容易给读者留下深刻印象的不规则版面。与规则版面相比，能够避免纸张的浪费，有效压缩成本。

在正文段落开始一侧设置标题要素

在竖排文字的右侧、横排文字的上方设置标题及引人注意的广告词，可以自然而然地吸引读者的视线。

标题要素与正文段落反方向设置

当正文文字是纵向排列时，搭配横向排列的标题；当正文文字是横向排列时，搭配纵向排列的标题。与同向布局相比，可使版面更具动感。

在正文段落开始部位设置标题要素

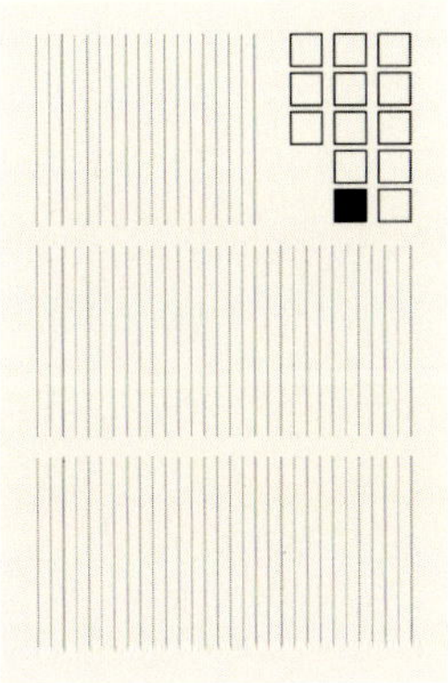

这是一种以多栏组合为基础，在正文即将展开处添加标题的布局设计类型。单页的专栏版面可以选择此种布局设计。

在文字栏的中央插入标题要素

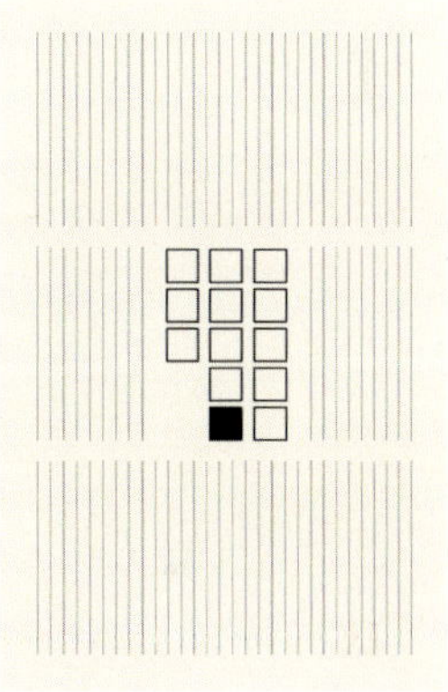

与对页等具有连续性的版面相比，此种布局设计更多地被用于表达完整信息的单页版面中。

标题要素跨栏设置

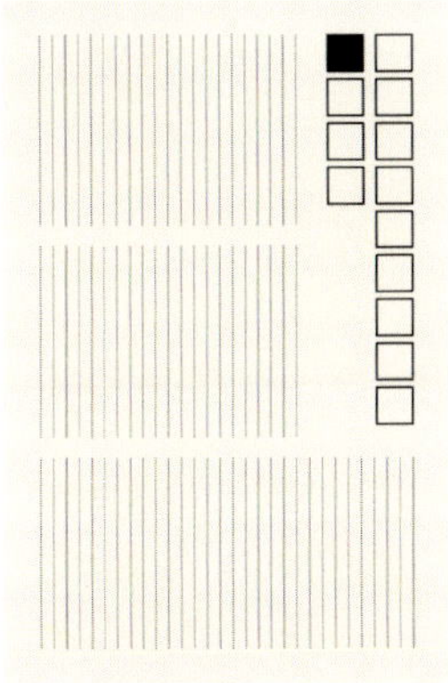

以多栏组合为基础时，标题要素的设置部位不一定只限于一栏。通过跨栏设置标题要素，可以提高其吸引力。

预留标题要素的空间

预留标题要素的空间，并在剩余的空间内进行文字布局。与单纯的文字栏组合相比，此种设计增强了版面的视觉张力。

缩小版面的页边距

将版面页边距缩小，可以轻松得到紧凑、华丽的效果。但是，必须事先准确把握打印机等输出设备的可操作性。

加大版面的页边距

在版面的上下左右设置较大的页边距，可以给人以品味感。此种布局设计同样适用于除纯文字版面外的其他情况。

上下左右的页边距不统一

一般来讲，单页版面中上下、左右的页边距应该是统一的。但是，如果考虑到装订的位置，也可以事先在版面的一侧预留一定的空间。

取消上下左右的页边距

此种布局是在为海报等媒体设计出血图片的情况下经常采用的。但是，依然要在版面的一端为文字要素留出一定的空间。

将图片要素作为布局的中心

这是图片要素面积较大、文字要素面积较小的布局设计类型。将图片要素作为布局的中心，可以轻易得到较强的视觉冲击力。

图片要素与文字栏对齐

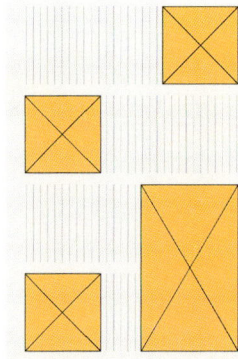

图片要素与文字栏的上端和下端分别对齐，形成整齐划一的效果。此种布局可以用于体现协调、朴素印象的设计。

将版面沿水平方向进行分割

这是一种将版面等距离水平分割，并在各部分内设置不同要素的布局设计类型。同时，文字栏可以单独占据其中一部分。

将版面沿垂直方向进行分割

与将版面沿水平方向分割相同，对版面进行等距离纵向分割。图例是以版面整体为对象进行分割的，而留出页边距后再进行分割也是可行的。

将水平、垂直方向的分割相结合

若将水平、垂直方向的分割相结合，可以展现更富于变化的布局效果。确保与要素数量、主题相吻合，是该布局设计的关键。

将版面分割成格状

将版面进行多重分割，则会形成格状布局。这是需要并列展示大量信息内容时所使用的布局设计。

活用分割版面的对角线

除了纵横方向之外，也可以将版面进行斜向分割。在因单纯使用垂直·水平分割而使版面过于单调的情况下，可以考虑采用此种布局类型。

多次分割版面

这是一种将 2 次分割、3 次分割等多次分割整合在一起的版面布局设计类型。上图在横纵 2 次分割的基础上加入了 3 次分割的要素。

尤需事先准备

利用身边的素材

必须进行手绘作业

必须拍照·扫描

比较花费时间和精力

13

缩小图片所占的比例

不将图片安排在版面中央, 可以使读者从容细读文字, 给人一种朴素、稳重的印象。

在规则的版面分割中加入变化

对版面进行规则分割, 只在特定部位加入变化, 可以使变化部分更加醒目, 具有特别的意义。

交替变化的版面分割

4 段横排文字规则地分割了版面。图片在文字栏的左右交替出现, 体现了版面的节奏感。

体现主次关系的版面分割

主要素和次要素之间的关系通过分割后所占的比例一目了然, 形成张弛有度的版面效果。

对包含补充要素的版面进行分割

确保补充要素所在的位置远离主要素。如上图所示, 各要素大小最好也有所差别。

将分割后版面的一部分留作空白

在分割后的版面中留出一部分, 作为不填充任何要素的空白空间。适当的空白可以引导出版面所要强调的中心。

使用圆形分割线

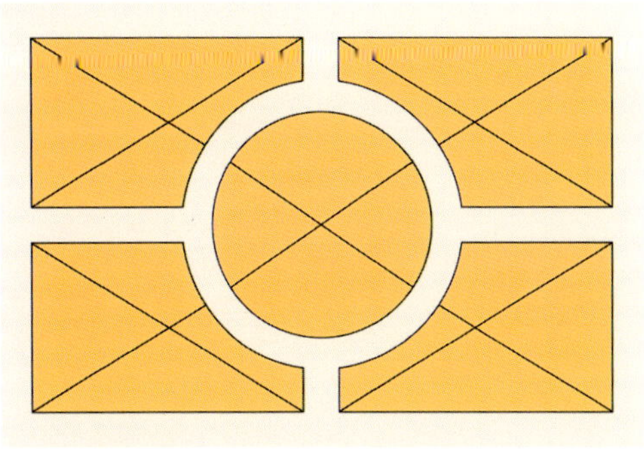

这是在版面分割中利用圆形分割线的设计类型。圆形分割线可体现柔和感，和直线分割相比，可以创造出更富于变化的效果。

使用波浪形分割线

除了左图所示的圆形分割线以外，还可以利用各种曲线分割版面。如上图所示，可利用波浪形分割线分割版面要素。

利用除对角线以外的斜线进行版面分割

与利用对角线分割版面的布局类型相比，动态效果和变化效果更明显。通过各角度斜线的搭配，体现紧凑、华丽的效果。

利用对角线对已分割的版面进行再次分割

如上图所示，利用对角线将已经被垂直中线分割过的版面进行再次分割。重复进行同样的分割，可以实现更加复杂的布局效果。

以切割空间的方式进行版面分割

在大的版面空间中切割出一小部分空间。将各部分内容以这种形式扩展开来，可以得到有趣的效果。

通过不规则的分割体现版面的动态效果

这是一种通过不规则分割，让人一眼看去就能感受到动态效果的版面布局方法。可与规则分割、搭配空白空间相结合，易于操作。

无需事先准备 利用身边的素材 必须进行手绘作业 必须拍照·扫描 比较花费时间和精力

追求对页
版面的
成功构成

在由较多页面构成的媒体中，
对页版面是经常出现的。
和单页版面的构成有很多不同之处，
需要特别注意。

以加大空白空间为基础

在对页版面中可以保留大量空白空间。在表现信息量、方向性的同时，可以体现和谐、朴素、沉静的效果和品味。

以竖排文字栏的组合为基础

这是以竖排文字栏的组合（参照第 8 页）为基础的版面布局设计。一般用于页面向右侧翻开的右翻手册及书籍。

以横排文字栏的组合为基础

这是以横排文字栏的组合（参照第 9 页）为基础的版面布局设计。一般用于页面向左侧翻开的左翻手册及书籍。

将竖排与横排文字栏组合起来

这是在一个对页版面中将竖排文字与横排文字组合搭配的特殊布局设计。刊登大量文字信息时可以使用此种布局设计，它可以清楚地将正文和专栏区分开来。

规则设置与自由布局的组合

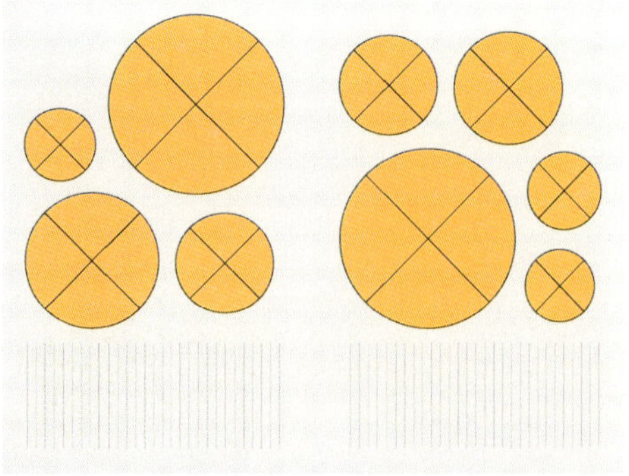

在对页版面中，自由布局的设计方法也经常被使用。并非整个对页都要进行自由布局，可以在正文等部分运用文字栏的组合进行规则设计。

左右对称的版面样式

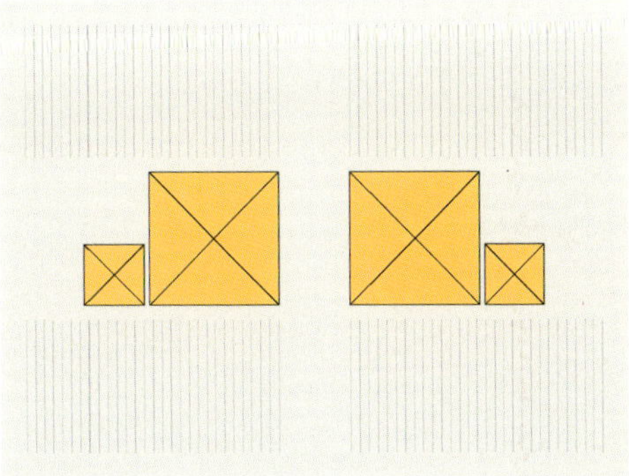

!

这是右侧页面与左侧页面互为镜像的自由布局设计手法。可表现出版面的稳定感，但是也容易使版面显得过于刻板。

在左右对称的基础上稍加变化

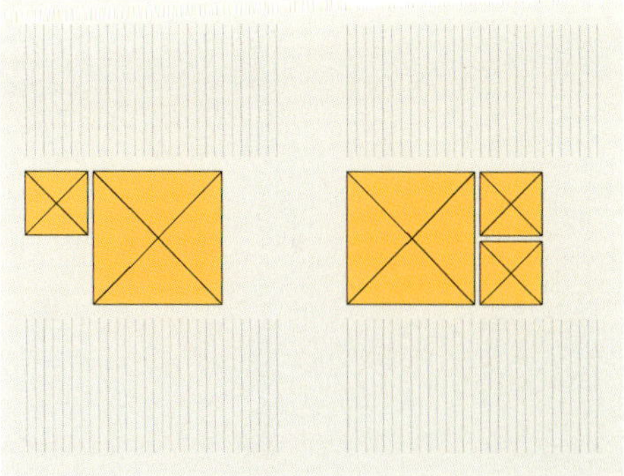

!

由于左右对称的样式可能会使版面显得过于刻板，可以在其基础上稍加变化。如，可以通过改变图片等要素的比重、位置，为版面增加变化。

在左右页面中配置相似的形状

!

相似的形状连续出现，可以表现出一定的节奏感。如上图所示，左右页面中配置了形状完全相同的要素。需要注意的是，与左右对称的样式相同，此种布局设计有可能给人单调、乏味的印象。

在斜线方向配置对称的形状

!

此种手法可以与左右对称、上下对称的布局样式搭配使用。与单纯的左右对称、上下对称相比，此种布局样式可以体现出一定的动感和变化。

台阶式下降的布局样式

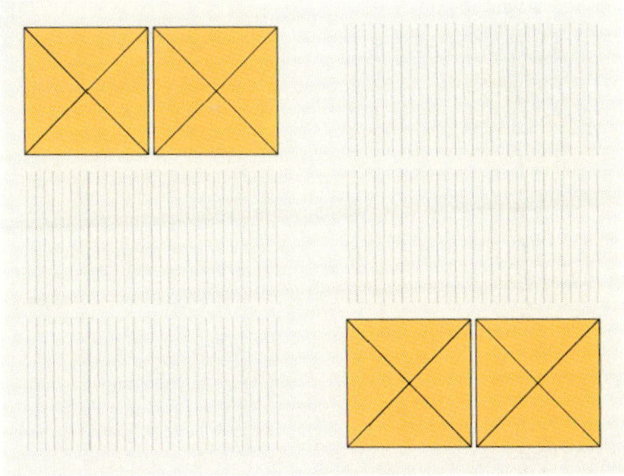

!

通过图片的位置摆放，版面呈现出从偶数页上方向奇数页下方流动的效果。在一定程度上方便了阅读，但是应注意避免版面过于单调。

台阶式上升的布局样式

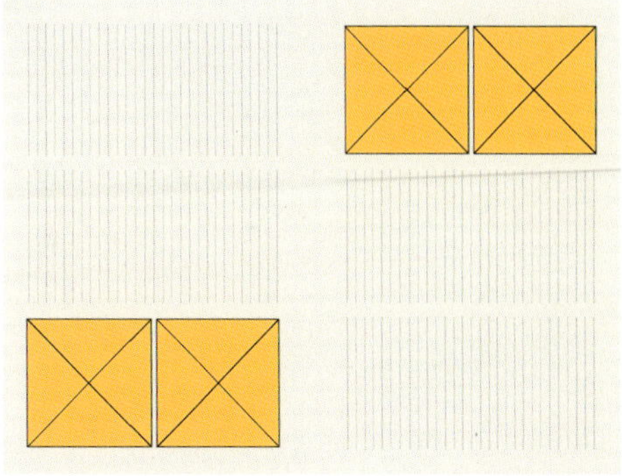

!

与左侧图例相反，这种布局更富于变化。前提是充分做好引导读者视线顺畅进入正文的工作。

将标题文字编排在奇数页面的切口处

这是对页版面中的一种标题布局形式，标题横跨两个页面。应注意根据
将标题等要素置于文字信息的开头部位是最为标准的布局设计。在对页
版面中，将标题置于奇数页面的切口处是一般性的选择。

标题文字横跨对页版面的上方

这是对页版面中的一种标题布局形式，标题横跨两个页面。应注意根据
点缀样式的不同而对装订线处的空白面积有所调整。

标题文字横跨对页版面的中央

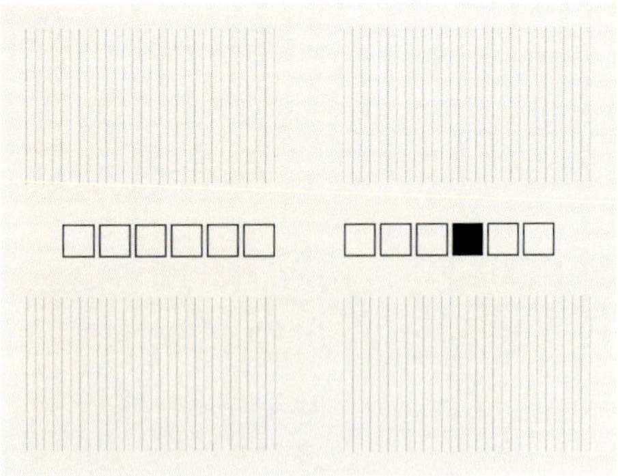

横跨对页版面的标题位于版面中央，在其上下进行文本布局。这是一种
能够使对页版面显得更有张力的布局设计类型。

标题文字横跨对页版面的下部

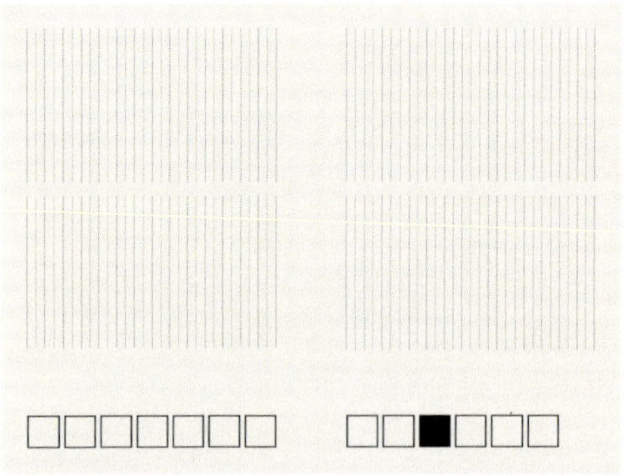

上图是将标题置于对页版面下方的布局设计。面对相同要素连续出现的
对页版面时，使用此种布局类型可以避免给人单调的印象。

标题文字在对页版面中部不对称

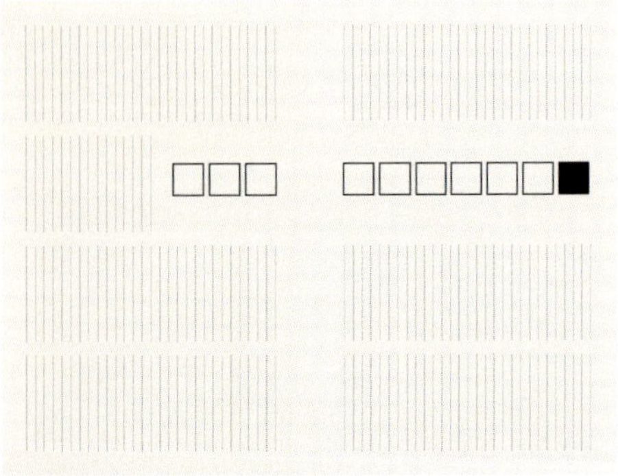

标题没有横贯两个页面，标题的一部分插入另一页面中。此种布局设计
手法强调对页版面的连续性和紧凑感。

长标题文字成直角摆放

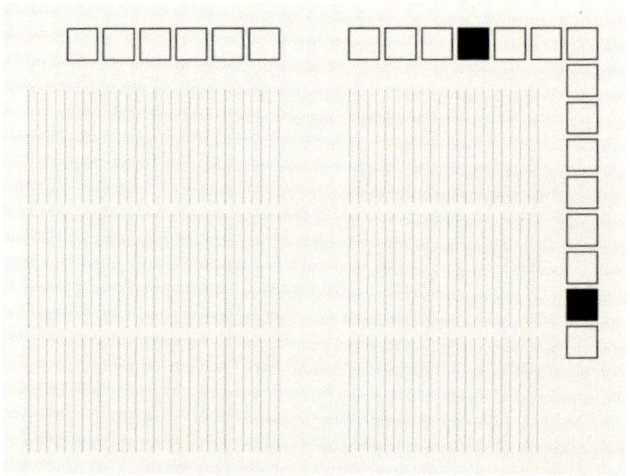

此种布局设计可以用于设置广告语等字数较多的信息。单页版面中也可
以使用，用在对页版面中能够加强动态感和延伸性。

将标题文字分别置于左右两侧切口处

在处理长标题、台词风格的广告语时，此种方法非常有效。由于位置上的距离感，有必要在字体等方面下工夫，以保证连续性和统一性。

将标题文字分别置于左右两侧订口处

这是能够让人对对页版面布局一目了然的设计类型。应注意把握订口处空白空间的面积，以确保文字便于阅读。

在对页版面中斜向设置标题文字

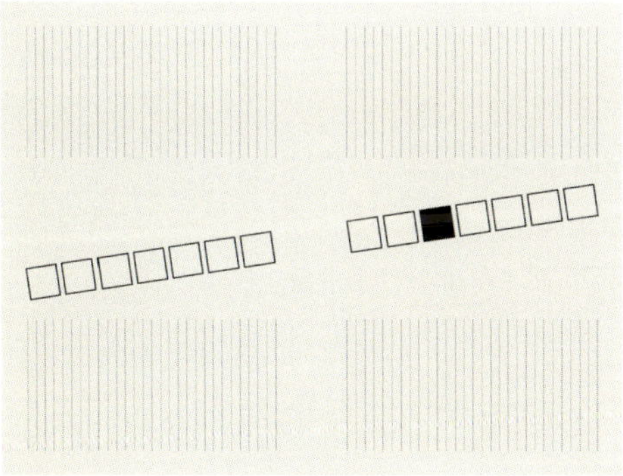

斜向文字的插入可以给版面带来很强的动态效果。上图充分利用了版面中间部位的空间，呈现文字错落有序的效果。

在奇数页面的第一栏处设置标题文字

与在切口部位设置标题文字的类型相比，更能够体现和谐、稳重的效果。为避免被误读为单页版面信息，各要素之间的平衡、协调至关重要。

在奇数页面中只出现标题文字

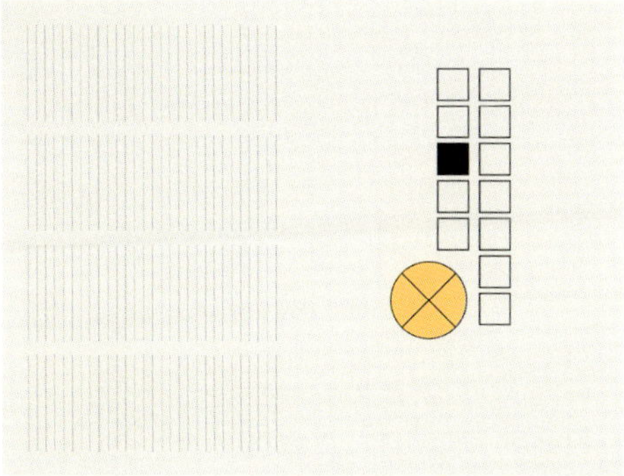

通过区分正文和其他要素，可以设计出更具视觉冲击效果的版面。需要特别强调、突出标题类文字或广告语时，可以采用此种布局设计。

左右页面刊载不同的信息内容

即使是合订本媒体，也没有必要全部由对页版面构成。可以在左右页面刊载不同的信息内容，标题文字的差别化处理是关键。

在偶数页面上方设置主体图片

按照此种布局设计,当翻开媒体时,偶数页面上方将成为引人注目的部位。在此处插入主体图片,可以给读者留下更深刻的印象。

主体图片的一部分延伸到另一页面中

此种布局设计可以用于在对页版面中处理较大的主体图片。但注意不要将主体图片的重要部位设置于订口位置。

将主体图片安排在版面中央

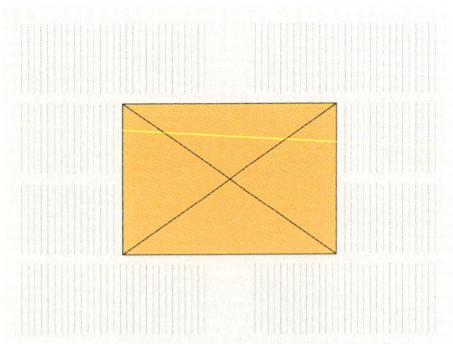

在对页版面中央设置主体图片,是能够体现稳重感的布局设计类型。有必要在订口部位对图片进行处理,保证其完整性。

将正文和图片类要素分置于不同页面中

将正文和图片要素分别编排在不同的页面中,使读者可以清楚、随意地读取不同的信息,创造一种稳重、大方的版面效果。

在其中一个页面设置出血图片

意在强调图片的视觉冲击效果时,可以采用此种布局设计法。与将图片插入文本中相比,此种布局可以引导读者更加耐心、仔细地阅读正文。

将主次图片分别置于不同的页面中

将主体图片编排在一页中,而将次要图片集中编排在另一页。图片的大小、包含信息量的不同可以清晰地揭示它们的主次关系。

将主体图片设置于奇数页面中

❗

完全将主体图片置于偶数页面中，会显得过于单调。偶尔也可以将其置于奇数页面中。

图片和正文分置于版面的上下不同部位

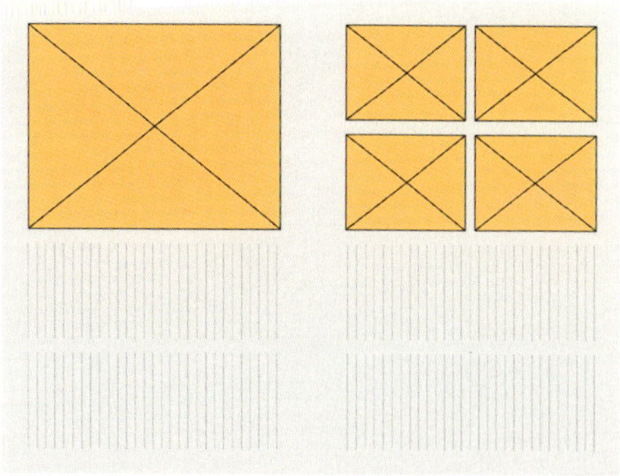

❗

这也是经常出现的布局设计类型。正文文字显得流畅、连贯、紧凑。

将图片要素统一安排在偶数页的左侧

❗

与按照页面分割的布局相同，该布局方式便于读者仔细阅读文字。图片要素的出现起到了结束文字内容的作用。

将图片要素分置于两页面的切口处

❗

这是一种由左右两端的图片要素将正文内容夹在中央的布局设计类型。在对话类报道中，图片常选用人物的脸部特写照片。

图片要素与文字栏对齐

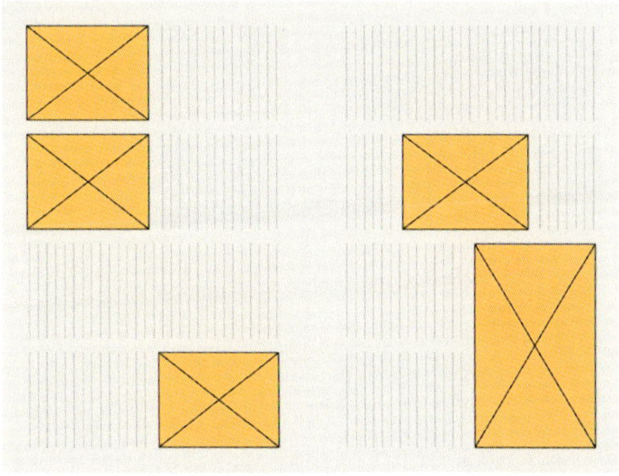

❗

图片要素与文字栏的高度、宽度一致，给人整齐、稳重的版面印象。但是，此种手法也可能使版面显得过于单调。

图片要素不与文字栏对齐

❗

图片的裁剪与穿插同时进行，增加版面的变化效果。只要在关键部位将文字栏与图片对齐就可以了。

❗ 无需事先准备　✿ 利用身边的素材　✎ 必须进行手绘作业　◎ 必须拍照·扫描　◷ 比较花费时间和精力

在垂直方向上分割版面

将图片要素所在的空间沿垂直方向分割, 可以与通过文字栏进行分割的布局方式搭配运用。

在水平方向上分割版面

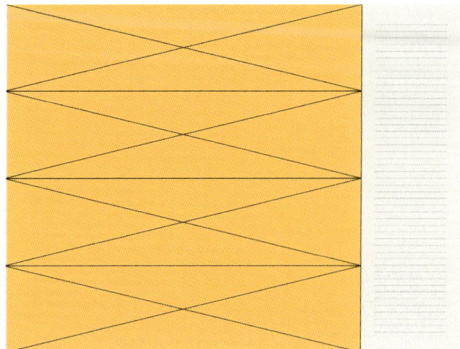

这是对页版面中最具特殊效果的分割类型。除横排文字之外, 连接竖排文字时, 也经常用到此种分割类型。

同时进行垂直·水平方向的分割

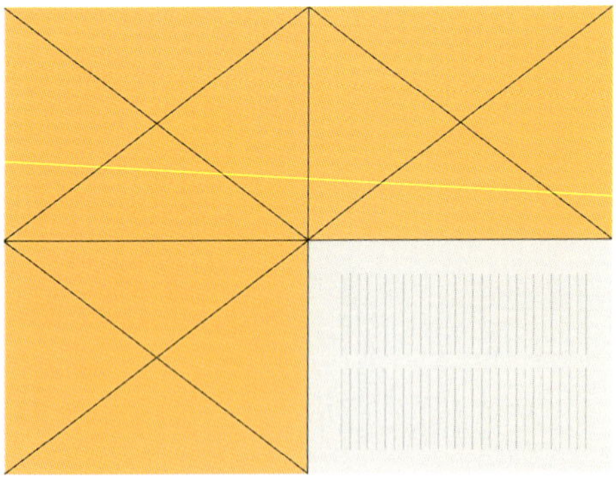

上图是将版面进行纵 2× 横 2 分割之后的布局。在图片类杂志中, 很多时候是将所有的方格用图片填满。

整个对页版面由一张出血图片覆盖

在图片数量较少且希望具有视觉冲击力的情况下, 可采用此种布局设计类型 (参照第 36 页)。由于图片尺寸大, 所以对图片的清晰度要求很高。

将版面分割成小方格

在需要展示多张图片时, 可以采用此种布局设计类型。在排列图片时, 图片的尺寸也可以有所不同。

根据文字量改变方格的大小

文字内容多少不一且综合信息量较大时, 经常采用此种布局设计类型。方格的外沿线和底色都可以有所不同。

将专栏文字编排于偶数页面的左下角

将专栏、信息专题栏等内容圈框起来，是比较标准的布局设计类型。专栏文字作为正文内容的补充，其角色更加明显。

变换文字的编排方向，并用矩形圈框

上图中，在竖排文字栏的末尾处安排了用矩形圈框括起来的横排文字，凸显了最后一段文字的与众不同。

在与正文相分离的位置设置专栏文字

不同于其他各段文字整齐排列的布局，形成相对独立的效果。如上图所示，可以将专栏文字设置于页面顶端。

专栏文字横跨对页版面的下方

添加长长的、横跨整个对页版面的专栏文字时，可以采用此种布局设计类型。也可以通过这种方法随时添加正文的注释内容。

在对页版面下方设置独立的专栏文字

通过设置与正文不同的字号、行距，体现差别化效果。设定不同的底纹和外围边线，也可以起到同样的效果。

在标题周围设置专栏文字

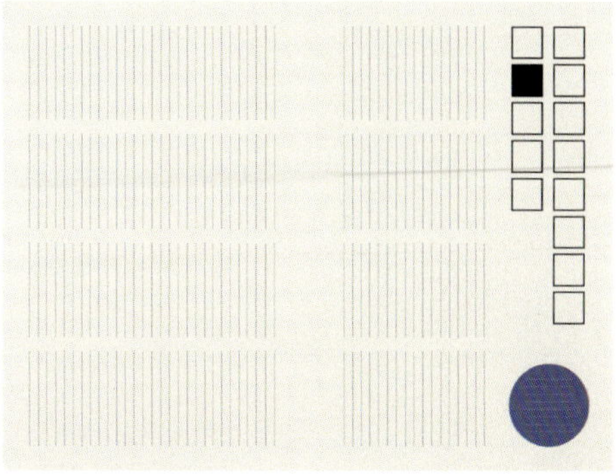

与整体正文内容相关的专栏文字可以设置在标题周围。往往是将作者的个人简介等信息刊载于此。

追求
引人注目的
章前页设计

章前页起到区分书籍中各个章节以及不同报道的作用，提示读者即将出现新的内容，因此需要具有一定的视觉冲击效果。

将标题文字置于版面上方

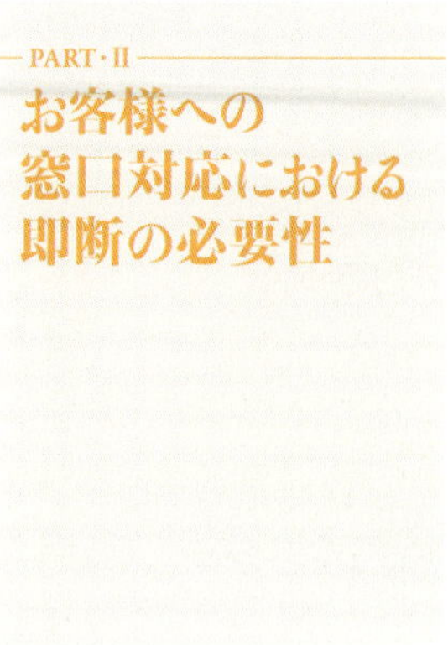

一般来讲，要将需要凸显的要素置于版面的上方。将标题位置提升至版面上方，使读者对被章前页隔开的第二部分的主题一目了然。

将标题文字置于版面中央

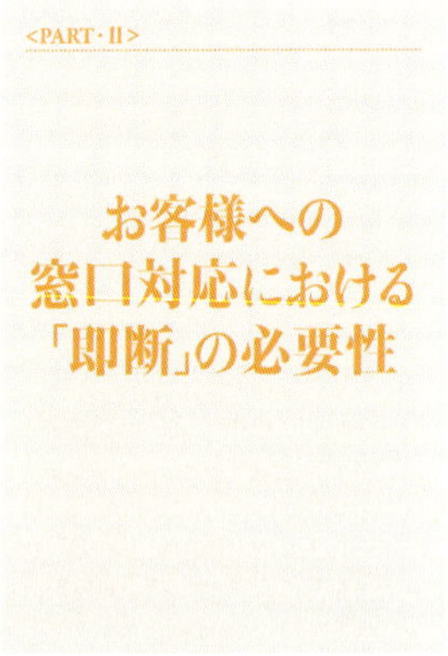

确保版面的空间得到充分、有效的利用，将标题置于版面中央是常见的布局选择。具体的位置可以根据视觉感受进行调整。

将标题文字置于版面下方

版面上方的要素虽然醒目，但是标题在版面上方的章前页总会让人觉得有点单调。有意地反其道而行之，会让人产生时髦、新鲜的感觉。

大量添加内容提要等文字要素

通常来讲，内容提要应尽可能简炼一些。但如果有意添加大量文字要素，版面会显得很有魅力，同时读者也能够了解到下一章节的内容要点。

将标题文字大胆放大

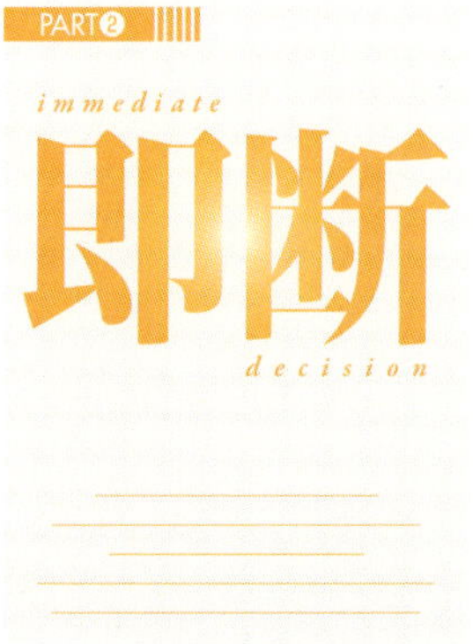

打破版面的整体平衡，将某些要素以极端的尺寸展现出来。标题放大后的章前页是相当有视觉冲击力的。

将出血照片作为章前页的背景

章前页中经常会使用出血照片。在拍摄照片时，最好先确定将在什么部位添加标题。

在照片中添加有底纹的标题

在运用出血照片时，经常会为标题的位置而苦恼。为保证标题文字清晰、可识别，在标题文字出现的部位铺上底纹不失为一种很好的选择。

在半透明的照片中插入标题

这种方法既可以保证出血照片的效果，又可以确保标题文字的醒目。将照片进行半透明化处理，更加凸显了柔和的版面效果。

将正文中出现的照片应用于章前页中

将正文中出现的图片应用于章前页中。上图中充分运用圆形图像，使章前页呈现规则性的布局。

将裁剪后的图片刊登在章前页上

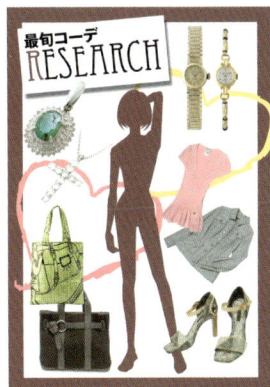

与利用正文中出现的图片情况相同，此种布局设计可以让读者预知正文的内容。与利用出血照片相比，更能体现章前页的动感效果。

在章前页中插入目录内容

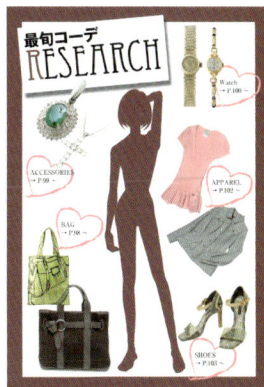

章前页中经常出现简易的目录内容。只将部分目录内容展示出来，会使读者更容易把握整体内容。

无需事先准备　利用身边的素材　必须进行手绘作业　必须拍照·扫描　比较花费时间和精力

为章前页整体着色

通过为章前页着色，明确其前后的内容差别。反白的标题文字十分醒目。

在章前页中大胆地保留白色底色

与左侧图例相反，上图展示的是通过不着底色来体现差别的布局设计类型。前后正文内容安排得十分紧凑时，可以参考此种布局。

以章节序号作为装饰符号

将章节序号的尺寸放大，并使用与标题文字不同的字体，可以使整个版面显得灵活而富于变化。

刊载使读者联想到正文内容的插图

刊载插图、符号等图像可以使读者联想到正文内容。在力图设计成并非只有文字要素的章前页时，此种方案是首选。

直接引导读者进入相关正文部分

通过插入箭头等符号，可以设计出具有索引效果的章前页。方便、快捷，无论何时何地都可以以最快的速度找到自己所需要的内容。

插入与正文相连接的引导线

引导读者进入正文是章前页的主要作用。可以通过插入箭头直接表现，也可以平淡无奇地利用引导线表示。

在右手页布置章前页

书籍、杂志向右侧翻开时，在右边页面布置章前页；向左侧翻开时，在左边页面布置章前页。与之相对的另一边页面可以插入相关的详细内容。

在左手页布置章前页

要阅读相关的详细内容，需翻开下一页。通过这种章前页设计，可以令读者产生一种一时放松的感觉。

跨对页版面的章前页设计

在手册等的对页版面设计中，章前页经常会横跨对页版面。此时，利用整版出血照片、大胆构图是诀窍。

正文内容涵盖于章前页中

在版面空间不足的情况下，经常采用此种设计类型。章前页与正文内容连接紧密，能够引导读者更顺畅地进入正文。

有意不按照"章前页"来处理

根据页码的编排，可以将章前页省略。但是其前后版面的文字内容、色彩、感觉应该有所不同。

仿照门扉的样式设计章前页

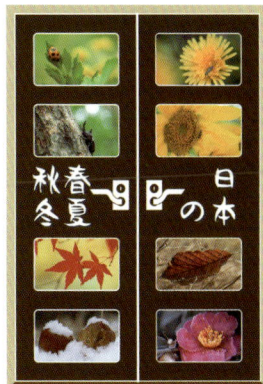

这是体现"门扉"形象的绝好章前页设计。利用门、窗等图形，表现与下一个空间相连接的章前页功能，属于非常有趣的章前页设计。

无需事先准备　利用身边的素材　必须进行手绘作业　必须拍照·扫描　比较花费时间和精力

追求漂亮、
方便的
目录设计

由多页构成的媒体，
经常需要设计目录，
以帮助读者找到感兴趣的内容。
其目录的设计类型多种多样。

横排文字的目录设计

基本上，当正文内容为横排文字结构，或者内容中英文、数字出现较多时，多采用此种设计。

竖排文字的目录设计

正文内容为竖排文字结构时，此种设计较为多见。在以文字为主体的阅读型媒体中，此种设计可以体现出和谐的氛围。

目录穿插在正文版面中

在周刊杂志等媒体中，经常可以见到此种版面布局类型。总页数不多的媒体，采用这种方法可以有效节省版面页数。

将目录设计成单页版面

可以灵活运用两个文字栏的空间。而且，杂志目录页的对页中一般会穿插一些广告。

将目录设计成对页版面

在正文章节较多以及总页数较多的情况下，可以将目录设计成对页版面。拥挤的一页不如宽松的两页。

标准的一栏构成

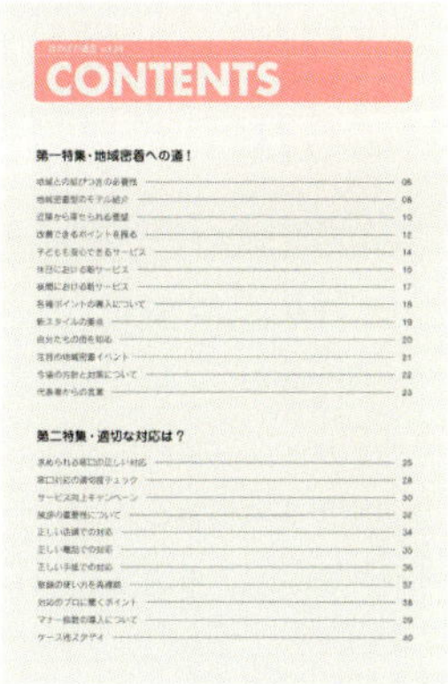

由一栏构成的基本类型。由于一页中收录的内容较少，应充分考虑每行的字数及行距。

多栏构成

随着栏数的增加，目录条目也在增加。但是，由于每一栏的栏宽缩短，目录标题不宜过于详细、琐碎。

每章目录标题的文字颜色不同

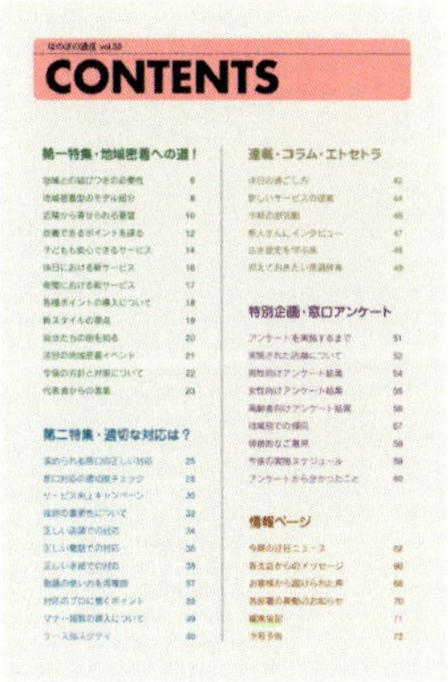

上图中根据每章内容的不同而用不同色彩加以区分。除此之外，也可以根据底纹、章节标题的色彩不同加以区分。

用分割线将每章的内容分隔开

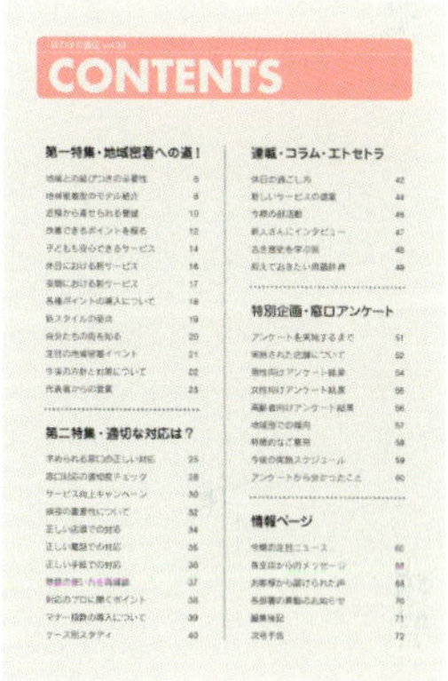

通过分割线分隔不同的章节目录，文字呈现单位化平面效果。

用分割线将每个目录标题分隔开

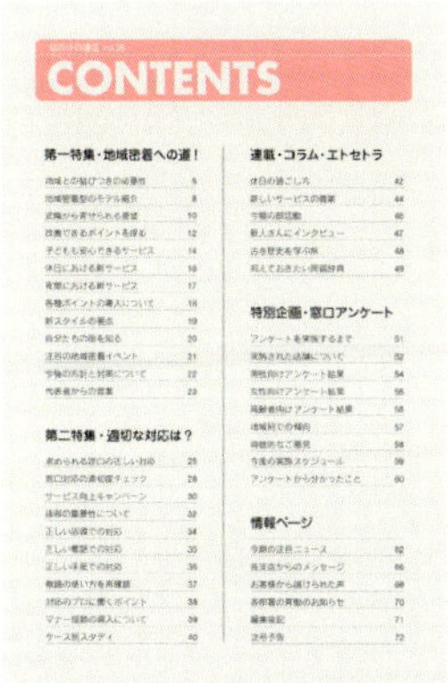

通过分割线的分隔，使每个目录标题都具有很高的识别性。除此之外，也可以用方框将每个目录标题框起来。

根据内容改变空间大小

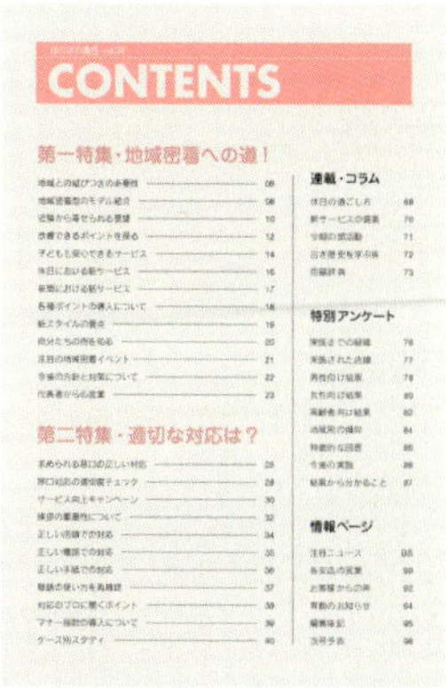

将重要的章节目录配以较大的空间，将非重点章节目录的空间缩小。在上图中，对标题文字的色彩也进行了差别化处理。

在目录标题后面标注页码

这是比较基本的设计布局方案。在目录标题后标注页码，按照页码寻找正文内容，符合一般的阅读习惯。

在目录标题前面标注页码

将页码数字标注在目录标题的前面。数字对齐和文字对齐的处理工作可以轻松完成。

目录标题和页码不在同一行

目录标题和页码数字不在同一行。也有只将个别字数较多的标题做此处理的情况。

目录标题和页码不对齐

上图是使目录标题和页码数字不对齐的特别案例。页码数字和目录标题分别左、右对齐，这种方法也可以显示其连接的紧密性。

通过连接线连接目录标题和页码

这是表现二者关联性的最基本手法。如果觉得实线比较生硬的话，可以改用虚线。

通过长度均一的连接线连接标题和页码

目录标题和页码数字的位置不独立，而是优先保证连接线的长度统一，体现一种参差变化的版面效果。

突出页码的醒目

連載・コラム

休日の過ごし方	**42**
新人さんインタビュー	**46**
抑えておきたい用語辞典	**48**

这是只强调页码数字的布局设计类型。数字很容易成为设计中的亮点，有很多操作的可能性。

突出目录标题的醒目

連載・コラム

休日の過ごし方	42
新人さんにインタビュー	46
抑えておきたい用語辞典	48

将页码数字缩小。在目录标题较多时，这种方法可以减少由于数字反复出现所造成的凌乱感。

同一章内的标题体现出主次差别

連載・コラム

休日の過ごし方	**42**
新しいサービス提案	**44**
新人さんにインタビュー	46
古き歴史を学ぶ旅	48
抑えておきたい用語辞典	49

即使是同一章的内容，也可以根据重要程度的不同体现出主次差别，可以体现在字号、字体、文字颜色等方面。

只给章节标题标注页码

連載・コラム　　42

休日の過ごし方
新しいサービスの提案
今期の部活動
新人さんにインタビュー
古き歴史を学ぶ旅
抑えておきたい用語辞典

如果给所有的目录标题标注页码数字会使读者感到杂乱无章的话，就应采用这种方法。这种方法来源于只标注章节标题的目录布局。

修饰章节标题，使其更加醒目

連載コラム

休日の過ごし方	42
新しいサービスの提案	44
今期の部活動	46
新人さんにインタビュー	47
古き歴史を学ぶ旅	48
抑えておきたい用語辞典	49

这是区分章节标题的有效方法之一。比如可以只对"专刊"等文字加以特殊修饰，而对其他标题文字进行一般化处理。

章节标题和各目录标题不对齐

連載・読みものページ

休日の過ごし方	42
新しいサービスの提案	44
今期の部活動	46
新人さんにインタビュー	47
古き歴史を学ぶ旅	48
抑えておきたい用語辞典	49

各目录标题的起始位置与章节标题错开一定距离，强调了章节标题的重要性。可以根据其关联性的大小，改变整体位置。

无需事先准备

利用身边的素材

必须进行手绘作业

必须拍照·扫描

比较花费时间和精力

追求漂亮、方便的索引设计

页数较多的媒体，
可以添加正文内容的索引。
布局设计中，
索引的处理也是非常重要的。

按日语五十音图"行"的顺序排序

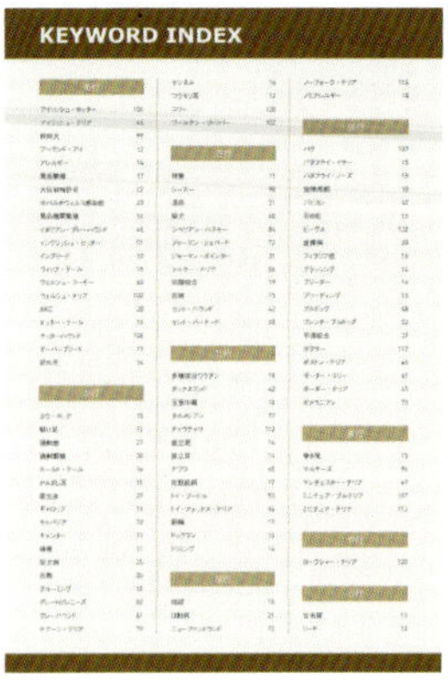

❶

这是非常常见的排序方式。按照"あ行"、"か行"、"さ行"顺序排列，提高检索性能在中文或英文文字排版时，可按 26 个字母顺序排列。

单独列出以日语浊音、半浊音的假名开头的词条

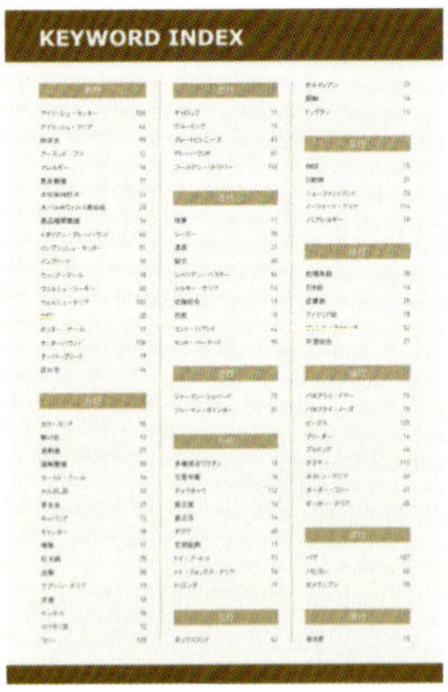

❶

以"が"、"ぱ"为开头文字的词条在索引中的位置经常难以确定。在版面空间允许的情况下，可以将其单独列出。

按字母假名的顺序排序

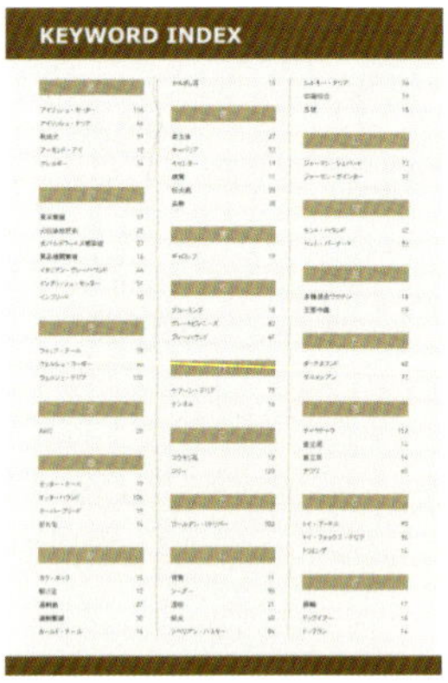

❶

按照日语假名"あ"、"い"、"う"的顺序，对以不同字母假名开头的词条进行排列。这种方法适用于词条数量庞大的情况。

开头文字的分类方法

❶

分类方法应该以提高检索性能为原则。具有代表性的手法是将开头文字出现频率较低的词条和以英文、数字开头的词条单独列出。

按照内容不同划分索引

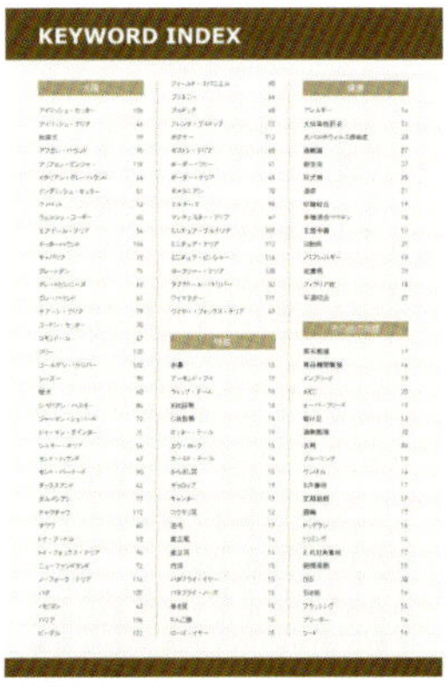

❶

不但可以按照开头文字的顺序，还可根据内容的不同来划分、设计索引。根据内容划分索引，可以帮助读者更轻松地找到自己想要阅读的内容。

将不同的开头文字配以不同色彩的底纹

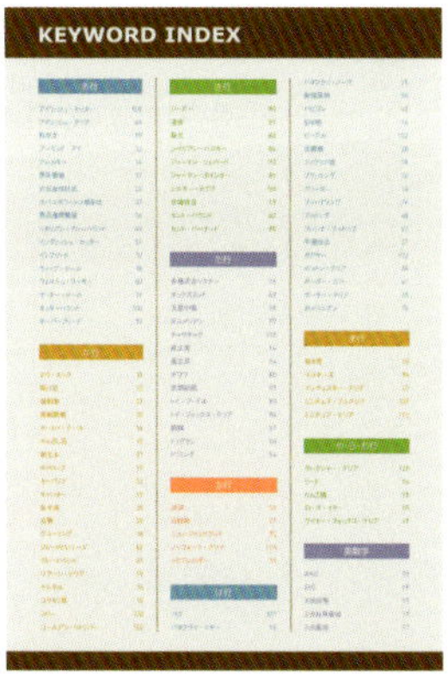

通过改变文字、底纹的颜色，可以起到区分范围的作用。索引词条数量较多且由多页构成时，经常采用这种方法。

根据内容不同区分文字的色彩

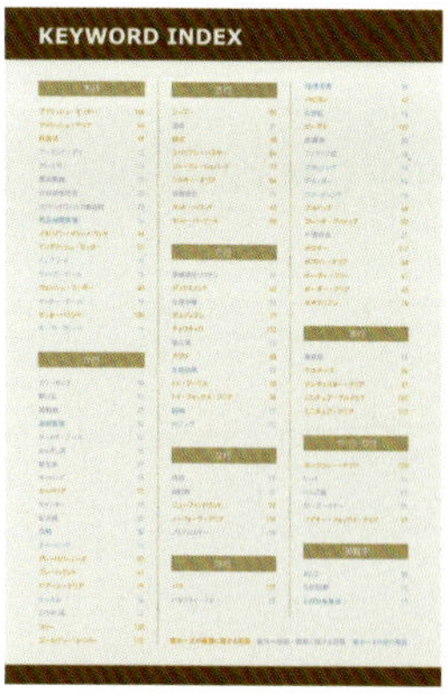

与正文版面一样，索引版面也可以通过文字色彩的差异表现内容的不同。

改变标题的位置

标题的位置不同，收录的词条数量相应也会有很大的变化。如上图所示，标题位置的一般化处理，节省了很多空间。

用分割线将各词条分隔开

当无法保证足够大的行间距时，各条目、词条之间的区分度会下降。用分割线将各词条分隔开，可以提高可识别度。

用方框框起每个词条

将词条和页码圈在一个方框内，体现每个词条的独立性。此外，对应的页码也清晰明确。

根据底纹区别词条的类别

将左侧图例加以发展，使各个词条的底纹不同。这不仅更加便于阅读，而且提高了整体版面的华丽感。

对重要词条使用不同的字体和颜色

❗

あ行	
アイリッシュ・セッター	106
アイリッシュ・テリア	46
アレルギー	14
異系繁殖	17
犬パルボウィルス感染症	23
イタリアン・グレーハウンド	16

这是对频繁出现或较为重要的词条进行差别化处理的一种布局设计类型。通过字体、字号、颜色等体现不同。

在特定词条的页码上体现不同

❗

あ行	
アイリッシュ・セッター	106
アイリッシュ・テリア	46
アレルギー	付録6
異系繁殖	17
犬パルボウィルス感染症	付録8
イタリアン・グレーハウンド	16

对希望特别突出的词条的页码部分进行差别化处理。例如，可以强调指出其位于"卷首"、"附录"部分等等。

列举词条出现过的页码

❗

あ行	
アイリッシュ・セッター	74,106
アイリッシュ・テリア	46,74
アレルギー	14,18,112
異系繁殖	17
犬パルボウィルス感染症	23,112
イタリアン・グレーハウンド	16

同一词条反复出现时，可以将其所在页码逐一列出。但是，需要注意的是，这种构成会使版面空间发生很大的变化。

强调部分所列举的页码

❗

あ行	
アイリッシュ・セッター	74,**106**
アイリッシュ・テリア	**46**,74
アレルギー	14,**18**,112
異系繁殖	**17**
犬パルボウィルス感染症	**23**,112
イタリアン・グレーハウンド	**16**

在同一词条反复出现的页码中，找出与词条关联性最高的页码，并对其进行强调。通过数字的颜色、粗细不同，体现差别化效果。

词条和页码数字于中央对齐

❗

あ行	
アイリッシュ・セッター	74,106
アイリッシュ・テリア	46,74
アレルギー	14,112
異系繁殖	17
犬パルボウィルス感染症	23,112
イタリアン・グレーハウンド	16

将词条文字与页码数字于版面中央对齐，强调二者关联性的同时，大大减少了读者阅读时串行的可能性。

通过连接线连接词条与页码

❗

あ行	
アイリッシュ・セッター	106
アイリッシュ・テリア	46
アレルギー	14
異系繁殖	17
犬パルボウィルス感染症	23
イタリアン・グレーハウンド	16

各词条与页码数字通过连接线连接，提高了二者的结合度。行间距较小时，多采用这种布局设计类型。

按照音序检字的方法排列词条

❗

あ行	
アーモンド・アイ	12
アイリッシュ・セッター	106
アイリッシュ・テリア	46
アレルギー	14
異系繁殖	17
犬パルボウィルス感染症	23

音序检字的方法根据媒体的不同而不同，事先需认真确认。例如，常见的有以"あ"、"い"等读音顺序为基准的排列方案。

不按照音序检字，而是以下一个字母为基准

❗

あ行	
アイリッシュ・セッター	106
アイリッシュ・テリア	46
アーモンド・アイ	12
アレルギー	14
異系繁殖	17
犬パルボウィルス感染症	23

不按照音序检字，而是以下一个字母为基准进行词条排列。例如，"アーモンド"按照"モ"的顺序排列。

各词条的词尾按照音序检字的方法排列

❗

あ行	
アイリッシュ・セッター	106
アイリッシュ・テリア	46
アレルギー	14
アーモンド・アイ	12
異系繁殖	17
犬パルボウィルス感染症	23

将音序检字的基准用在各词条的词尾。如上图所示，将"アーモンド"排在"あ行"末尾。

对长词条进行跨行处理

❗

あ行	
アイリッシュ・セッター	106
アイリッシュ・テリア	46
アメリカン・スタッフォードシャー・テリア	
	108
アレルギー	14
アーモンド・アイ	12

当词条字数过多、词条和页码之间的间隔过小时，索引版面会显得凌乱。此时，将过长的词条和页码分为两行设置是十分重要的。

下一级词条通过空格加以区分

❗

あ行	
アーモンド・アイ ·········	12
アイリッシュ	
ウルフハウンド ·········	106
セッター ·········	46
テリア ·········	14
アレルギー ·········	17

开头字母相同的词条可以归为一类。其下一级词条可以通过空格、文字颜色的不同等方法加以区别。

各词条均等对齐排列

❗

あ行	
アイリッシュ・セッター	106
アイリッシュ・テリア	046
アラスカン・マラミュート	088
犬パルボウィルス感染症	023
イングリッシュ・セッター	112
イングリッシュ・ポインター	060

这是各词条的文字长度基本均等一致时，经常采用的布局设计类型。页码数字也按照数位对齐，版面显得整齐、雅观。

35

要素数量与版型不符时的处理方法

要素分配恰当的版面，
可以非常顺畅地进行布局设计。
然而，很多情况下，
要素数量与版型并不相符……

将照片与文字重叠

这是文字量较大时的一种处理方法。当嵌入文字后，照片显得难以辨识时，应毫不犹豫地将文字框起，并着以不同的底纹。

将文字排满版面

虽然版面在一定程度上显得难以阅读，但同时也形成了一定的视觉冲击效果。这种方法可以让读者感到内容十分充实。

将小字叠压在大字上

标题、主题词与正文文字重叠时，可以采用这种透明水印的方法。应注意确定文字的颜色和字体，以保证读者易于阅读。

将文字内容集中，确保页面的空白空间

この理念に基づいて、弊社は過去・現在・未来を一貫して、あくまで質的向上と真に価値ある「食」を貫き、社会から信頼を得ることの出来る集団になることを目指してまいりました。

近年における社会的ニーズは、少子化や高齢化、グローバル化、高度情報化。環境保全の方向に変化し、一方で安全性、快適性などの建物に求められる機能も高度化、または多様化しております。

こうした社会環境の中で、食に対して求められる想いは将来においても普遍であると思われます。

将文字内容集中编排时，其间隔的均等性十分重要。选择隽秀的字体，可以提高整体的美观效果。

改变文字字体，确保页面的空白空间

この理念に基づいて、弊社は過去・現在・未来を一貫してあくまで質的向上と真に価値ある「食」を貫き、社会から信頼を得ることの出来る集団になることを目指してまいりました。

近年における社会的ニーズは、少子化や高齢化、グローバル化、高度情報化。環境保全の方向に変化し、一方で安全性、快適性などの建物に求められる機能も高度化、または多様化しております。

こうした社会環境の中で、食に対して求められる想いは将来においても普遍であると思われます。

改变文字本身的字体，将其变形为扁长形。由于这种方法改变了我们的视觉习惯，所以应尽可能避免使用。

标题文字的字号与正文文字一致

食の安全のために必要なこと

この理念に基づいて、弊社は過去・現在・未来を一貫して、あくまで質的向上と真に価値ある「食」を貫き、社会から信頼を得ることを目指してまいりました。

近年における社会的ニーズは、少子化や高齢化、グローバル化、高度情報化。環境保全の方向に変化し、一方で安全性、快適性などの建物に求められる機能も高度化、または多様化しております。

こうした社会環境の中で、食に対して求められる想いは将来においても普遍であると思われます。

改变标题文字的大小，需要一定的页面空白空间。文字过多的版面，可以只改变其字体和颜色。

缩小段落间距，用分割线隔开

この理念に基づいて、弊社は過去・現在・未来を一貫して、あくまで質的向上と真に価値ある「食」を貫き、社会から信頼を得ることの出来る集団になることを目指してまいりました。

近年における社会的ニーズは、少子化や高齢化、グローバル化、高度情報化。環境保全の方向に変化し、一方で安全性、快適性などの建物に求められる機能も高度化、または多様化しております。

こうした社会環境の中で、食に対して求められる想いは将来においても普遍であると思われます。

段落间距过小，会给阅读带来困难。用分割线隔开，在一定程度上可以缓解这一问题，保证页面空间的面积。

在要素较少的版面中留出空白空间

楽しい散歩道

在要素较少的版面中，应注意适当留出一定的空白空间。

根据要素配置，形成有特色的空白空间

楽しい散歩道

空白空间可以形成各种各样的形状，体现具有娱乐情趣的构思。如上图所示，将正文的行数稍作变化，形成了台阶式的空白空间。

照片四周被文字包围

楽しい散歩道

文字比较少，同时想使正文版面保留较大的空白空间时，可以采用这种方法。照片四周文字的包围方式十分重要。

在版面内设置"小版面"

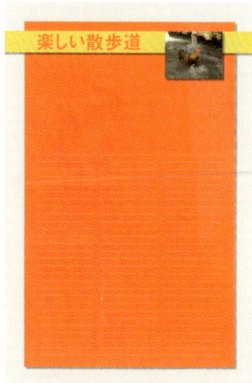

楽しい散歩道

运用铺着底色的方法，在版面外围四周留出空白空间。内容要素很少时，这种布局不失为一种不错的选择。

无需事先准备　利用身边的素材　必须进行手绘作业　必须拍照·扫描　比较花费时间和精力

将照片尽可能放大

照片数量较少时，即使只有一张，将其尺寸放大，也可以提高版面的图片占有率。但是，需要确保图像的分辨率。

将同一张照片并排摆放

将同一张照片复制、修整之后并排摆放，可体现版面的动态效果。大量并置之后，看起来具有连拍的效果。

同一张照片并排摆放时，只改变其中一张

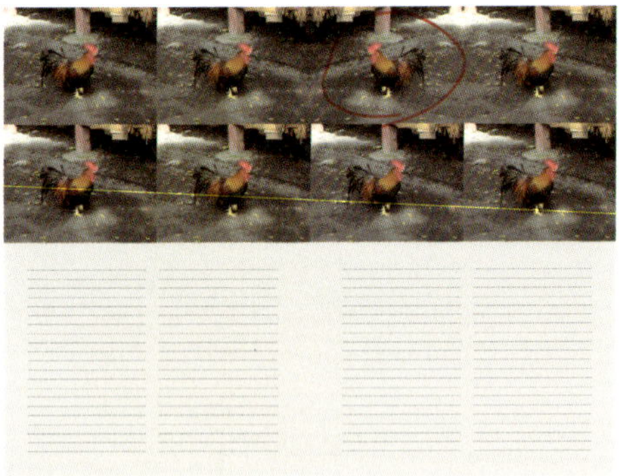

照片数量较少却又希望版面丰满时，构成内容的连续性、对应性就显得十分重要了。上图中，有意将一张照片摆放成与其他不同的方向。

摆放相同的照片，采用不同的色调

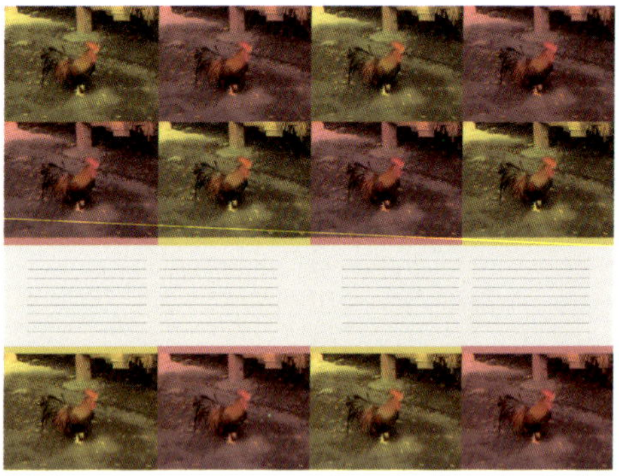

希望表现照片的正常色彩时，不能采用这种方法。这是将版面设计成照片海报的手法之一。使两种不同色调的照片交替出现，更具视觉表现效果。

使用一张照片的不同局部，看似多张照片

使用同一张照片的不同局部，使画面看似来自不同的照片。这种方法运用在追求画面质量的版面时，由于照片的焦点不同，会影响表现效果。

将一张照片进行多次分割

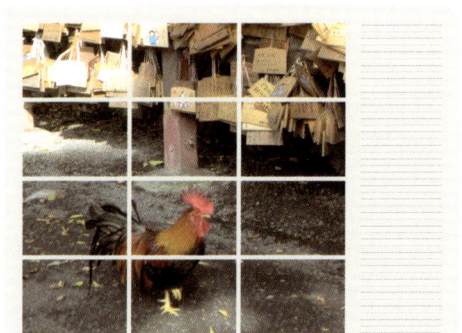

将一张照片进行分割，营造多张照片的效果。需要注意的是，不要将照片的重要部位分割成若干块。

以照片为素材制作插图

即使素材只是一张照片，在此基础上也可以制作出有新意的插图，提高版面中图片所占的比例。上图中的插图就是典型的代表实例。

利用插图的形状编排文字

在图片要素较少的情况下，可以通过文字体现图画效果。如上图所示，根据被摄物体制成的插图的形状进行正文编排。

将照片按格状均匀切割

版面中有大量照片时，这种方法是最高效、便捷的。版面可以给人整齐、规则的印象。

将众多照片接合在一起

取消照片之间的间距，保证将照片以尽可能大的尺寸呈现给读者。系列化写真尤其适合采用这种方法。

在以格状分割的照片中添加变化

在垂直、水平方向上切割的格状照片虽然整齐划一，但容易给人单调的印象。适当修改，表现一些不规则的变化，可以收获不错的效果。

拼合以格状分割的照片

将多个格状照片拼合成一个。在增加版面变化的同时，在调整照片数量上也有一定的作用。

使杂志的纯文字版面具有华丽感

即使是没有编排照片、插图的版面，
也大有体现创意设计的空间。
下面介绍一系列相关的
布局设计构思。

为版面整体铺着底色

这是使版面整体印象发生巨大变化的最简便的方法。铺着底色的方法在区别章节内容时也可以采用。

在着色背景中编排反白文字

为确保文字的可阅读性，一般采用色彩比较淡的底色。如果搭配浓重、鲜艳的底色，就应该考虑将文字设定为白色。

给所有文字着色

版面背景不着底色，只给文字着色也可以展现华丽的视觉效果。同一种颜色的浓度也可以有所不同。

将正文部分圈框起来

将正文部分圈框起来，于四周留出空白空间，并在空白部分着底色。这种方法在变换版面整体效果的同时，保证了较高的可读性。

背景底色呈现渐变效果

除了版面的背景底色可以使用渐变表现之外，正文文字的颜色也适用于这种变化。

在图形中嵌入正文文字

上图中使用的图形是圆形。由于圆形中每行文字的长度和字数与正文不同，注意不要生产不自然的效果。

文字栏的形状呈平行四边形

文字栏的排列没有对齐，整体形状呈平行四边形，演绎错落、不规则的美感。

在文字图形中编入文字内容

正文文字构成巨大的字母图形。与标题、关键词等配合，更加体现视觉效果。

将文字图形嵌入正文

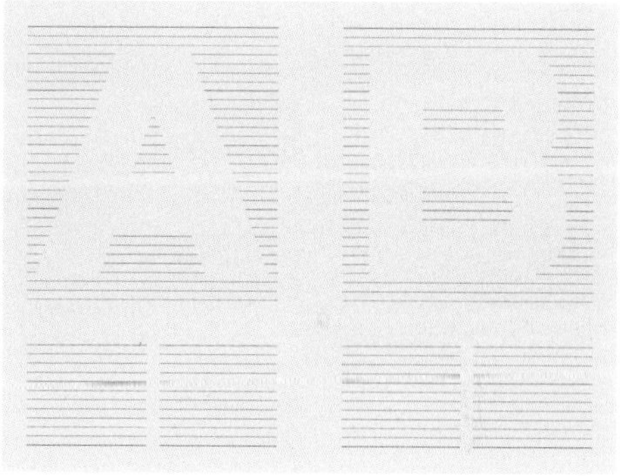

与左侧图例相反，在正文部分通过留白设计形成字母图形。除此之外，设计成字母以外的图形也可以。

在断句、分句处换行

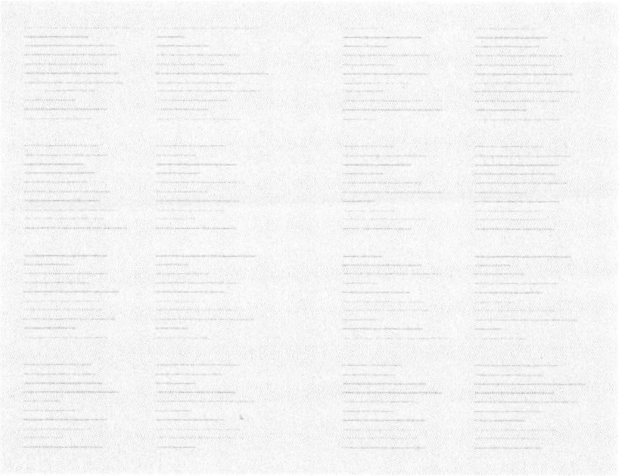

在断句、分句处换行，每行文字长度不一致，但整体显得错落有序，别有一番情趣。

综合不同的文字对齐方式

如上图所示，同一版面中同时存在文字左对齐、右对齐两种对齐方式。需要注意的是，要保证段落之间分割的明确化和文字的可读性。

无需事先准备
利用身边的素材
必须进行手绘作业
必须拍照·扫描
比较花费时间和精力

给每行文字铺着底色

这是一种只在文字出现的位置着色的布局设计类型。上图中，文字将版面横向分割，只为文字部分着重加深背景色。

交错背景的底色

利用玻璃纸也可以实现类似的效果，避免了通常使用一种底色可能造成的过于单调的效果。

配合背景色改变文字的颜色

将背景切割为规则的格状，并规律地配搭浓淡不同的色彩。色彩较浓的部分搭配白色文字，色彩较淡的部分搭配黑色文字，体现变化效果。

为每一栏文字设置文字框

这是在处理以文字为主要构成的正文内容时常运用的一种手法。为每一栏文字设置一个文字框，版面显得生动有趣。

利用装饰线圈框整个版面

利用各种装饰线（参照第 126 页）圈框版面，与铺着底色起到的效果大体相同。上图中装饰线的图案是并列的简单图形。

在整个版面中铺设规则的图形

利用水珠花纹、条纹等图案装饰背景。如上图所示，在文字部分只铺着半透明的底色。

正文文字与大标题重叠

除了底色和照片可以重叠之外，文字和文字也可以相互重叠。大胆地改变文字的色彩和尺寸，可以使其更加醒目。

正文文字与大图标重叠

将象征性的图标以较大的尺寸置于版面背景中。该图标还可以换成企业标志等图形。

将有质感的纸张扫描后铺置于背景中

通过扫描，再现纸张的独特质感。平时应注意收集特殊质感的纸张。

将纸板扫描后铺置于背景中

背景铺设的材质一般是纸张，但利用其他材质也能演绎出特殊的美感。上图就是以纸板为背景材质的设计案例。

以文字栏为单位铺置图片

并非版面整体，而是只在文字栏部分铺置图片。文字内容和背景素材的不同，可以体现不同要素集合的感觉。

以"校对稿"为主题构成版面

通过添加裁切线、色彩条等，使版面看起来如同校对稿一般。随意添加一些修改符号，暗示版面正处于"制作过程中"，别有一番情趣。

无需事先准备　利用身边的素材　必须进行手绘作业　必须拍照·扫描　比较花费时间和精力

利用四色印刷技术实现个性化设计

商业印刷品中经常采用CMYK四色印刷
在保证该基础的前提下，希望能突出印
刷品的个性时，
该怎么办呢？

减少颜色的使用数量

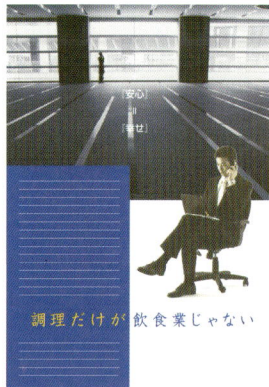

在色彩再现性很高的四色印刷中，可以减少颜色的使用数量。通过一种颜色或者两种颜色进行表现，可以给读者留下很深的印象。

为黑白版面的局部着色

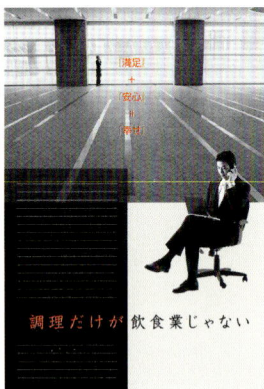

在黑白版面中，为强调重点而局部着色。单色印刷时不能采用这种方法。

为单色版面的局部着色

同左侧图例一样，为单色版面的局部添加不同的色彩，强调局部信息。

为单色照片的局部着色

不根据要素改变颜色，只对照片的局部着色。刻意降低色彩的表现力，给人以更加深刻的印象。

运用互补色进行双色印刷

减少色彩的种类，可能会影响色调效果。将双色互补色搭配，可以展示出接近黑色的深色系色彩。

降低预算，将页面设计成圆角

🕐

要减少油墨、确保预算，可以通过其他途径解决。如上图所示，将页面设计成圆角，不仅可降低预算，还可表现流行时尚的感觉。

利用文字镂空设计降低预算

🕐

将文字设计成镂空样式，如同在版面中开了扇窗。通过颜色种类、纸张种类的调整，可以降低成本，节省预算。

利用纸张降低预算

🕐

选择质地不同的纸张，同样可以起到降低预算的作用。很难通过其他途径调整预算时，可以更多地使用扫描画面。

利用牛皮纸印刷

🕐

纸张的质地、种类多种多样，其中利用牛皮纸印刷不失为一种个性化的选择。色彩种类较少时，可以营造出和谐、朴素的氛围。

折叠版面，降低预算

🕐

为降低预算，可以考虑将版面设计成折叠型。在数量有限的情况下，通过手工操作也可以轻松地完成。

利用个性化版型设计

❗

不同于一般的版面尺寸，将版面设计为正方形等特殊版型。但注意不要因版型的改变带来成本的提升。

采用在切口处印刷的方法

包括环衬在内的处理都会增加预算。在版面的切口印刷底色，模拟环衬的效果。

在切口处印刷裁切后的文字或图案

在左侧图例的基础上，在切口处印刷或裁切后的文字、图案。裁切的范围是需要充分确认的。

通过 CMYK 印刷再现金色效果

打印金色，会增加成本。将黄色与咖啡色混合，能够再现金色效果。

通过 CMYK 印刷再现银色效果

将青色与咖啡色混合，能够再现银色效果。添加渐变的部分，更能够体现高雅、华丽的效果。

合成黑色表现不同的"黑色"效果

黑色与 CMY 混合形成合成黑色。印刷时，应防止与底色的差别过大，同时可以运用不同色调的合成黑色演绎"另类的黑色效果"。

对多种色彩进行渐变处理

利用 CMYK 印刷技术，可以实现多种色彩的渐变处理。在上图中，对两种色彩做了渐变处理，给版面带来五颜六色的效果。

从照片中选出具有象征性的颜色

面对五颜六色的印刷品，经常会因可选的颜色过多而苦恼。为保证版面的统一性和一致性，最好从照片中选定具有象征性的颜色。

利用印象色统一版面

确定了印象色之后，文字的颜色、边框都通过这种颜色来统一，保证了版面完整、统一的效果。

为版面整体铺着鲜艳的底色

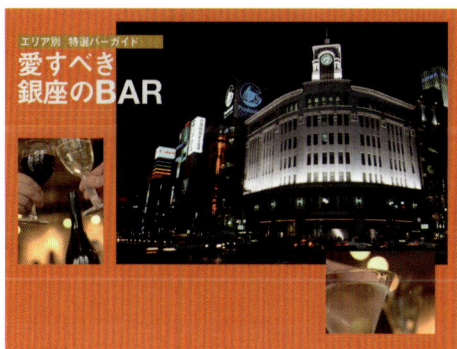

利用 CMYK 印刷技术，为版面铺着背景色变得更加容易。由较多页面构成的媒体，在确定背景色时需要考虑前后页的关系。

大胆地将渐变色铺满整个版面

大胆地将渐变色铺满整个版面，也是非常精彩的配色。展现多重色彩的渐变效果，是四色印刷的优势。

将照片中的黑色进行 CMY 三色分解

将照片进行二色分解是很常见的。黑色经过 CMY 二色分解后，显得很有内涵和深度。

通过双色调画像营造五颜六色的效果

采用 CMYK 印刷技术可以实现这种效果。颜色种类少，却同样可以表现时尚、亮丽的感觉。

利用单色印刷技术实现个性化设计

与通常的四色印刷相比，单色印刷在表现华丽、鲜艳的效果方面的确稍逊一筹。但是，认真探究，就可以发现其"简单、有力"的优点。

在单色印刷中使用特殊的油墨

单色印刷并非全部都是黑白效果。使用特殊的油墨，也可以呈现色彩绚丽的画面。

在有颜色的纸上进行单色印刷

在有颜色的纸上进行单色印刷，增加空白空间，体现出独有的韵味。

在有肌理的纸上进行单色印刷

同左侧图例一样，在有肌理的纸上进行单色印刷可以体现独特的韵味，使版面富于触感。

对单色印刷品进行圆角加工

将页面的四个边角剪裁成圆形，虽然是缘于控制预算的考虑，但经过这些加工的印刷品可以给读者留下深刻的印象。

对单色印刷品进行折叠处理

与圆角加工相同，对版面进行折叠处理也很有效果，尤其适用于小型 SP 工具、DM 以及电影上映前的宣传海报等。

加入颗粒状效果，使单色版面富于变化

在整体为黑色的部分或照片的局部加入颗粒状效果，可以体现出报纸的感觉。

添加斜线，使单色版面富于变化

如上图所示，在黑色部分和照片的局部添加斜线。线条之间的空白空间，体现了美观的变化效果。

对单色照片进行双色调处理

对黑白照片进行双色调处理，对比效果明显，给人强有力的印象。

利用双色调照片进行特色印刷

双色调照片可以和任意一种特色油墨搭配，其表现力惊人，给读者巨大的视觉冲击力。

用单色照片体现传真效果

"黑白单色"很容易让人联想到传真稿件。利用这种感觉，特意增加版面中传真的视觉效果，别有一番情趣。

只对底色进行粗糙化处理

希望展现清晰的画面时，不能采用这种方法。操作时，只对底色部分进行粗糙化处理。

无需事先准备

利用身边的素材

必须进行手绘作业

必须拍照·扫描

比较花费时间和精力

增加黑白单色印刷中黑色所占的比例

黑色面积越多，越能表现强势、紧张的感觉。可以将大量的空白空间涂成黑色。

增加黑白单色印刷中白色所占的比例

与左侧图例相反，增加白色面积可以减少黑白单色印刷中不可避免的艰涩感。可同时适当减少黑色的面积。

降低文字颜色的浓度

文字量大的黑白单色印刷品中，版面颜色越暗，越容易给人沉重的印象。为避免这种情况，可以降低文字颜色的浓度。

利用渐变效果

黑白单色印刷也可以通过色阶变化体现渐变效果。调节渐变的程度，形成具有层次感的版面效果。

插入人物的轮廓剪影

黑白单色印刷中经常插入人物的轮廓剪影，也可以将照片作为基础进行设计。

凸显文字部分

在表现与照片相关的色彩时，黑白单色印刷确实不如多色印刷效果好。可以转移重点，凸显文字部分。

以文字部分为中心构成版面

没有规定一定要在版面中插入图片时，可以仅通过文字、底色构成版面，充分发挥单色印刷的强势作用。

中间不出现过渡色阶的版面

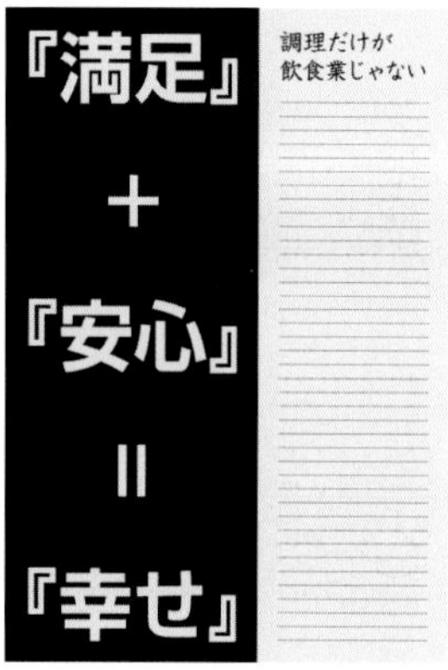

只由百分之百的黑色和百分之百的白色构成的版面，对比效果强烈，给人很强烈的视觉冲击力。

黑色上叠加一层深灰色

这是保证局部可读性的窍门。在预算允许的条件下，可以使用两种不同的专色油墨印刷。

展现黑、白、灰三色效果

没有多余的中间过渡色，由 100%、50%、0% 的黑色构成。根据色彩明度差，展现黑、白、灰三色效果。

版面底色的黑白对比

黑白单色印刷的有趣之处在于黑白双色的对比效果。将版面上下、左右的底色反转，可以体现个性化效果。

在对页版面中制作黑白页面

上图的方法也是对页版面配色布局中经常用到的方法。可以将一页设定为黑色底色，另一页设定为白色底色，通过不同角度体现对比效果。

无需事先准备

利用身边的素材

必须进行手绘作业

必须拍照·扫描

比较花费时间和精力

第2章

文字

追求轻松的文字设计效果

标题、正文等文字要素是版面中必不可少的要素。对文字进行各种各样的装饰是司空见惯的。首先我们来看一下基本案例。

给文字的轮廓加边框

❶

お持ち帰り商品

"轮廓文字"的边框与文字本身的颜色不同。超市的促销广告单中经常会将商品价格部分的文字、数字设计成这种"轮廓文字"。

单纯由文字轮廓构成

❶

お持ち帰り商品

即所谓的"空心文字"。需注意的是，文字轮廓的颜色如果过淡，就会影响到文字的视觉效果。一般采用最基本的字体即可。

为文字添加多重边框

❶

お持ち帰り商品

这是在实际的广告传单中最常见的设计样式。线条与色彩的搭配可以引伸出很多变体。

用虚线构成文字的轮廓

❶

お持ち帰り商品

与通常的轮廓线相比，文字的可识别性下降了，但营造了特殊的效果。需注意的是，虚线间隔过大会使文字难以识别。

对空心文字的轮廓做晕化处理

❶

お持ち帰り商品

给人一种柔和的印象。晕化的部分和轮廓本身可以看作是两个不同的部分。

整合不同的字体

健やかな暮らし

即所谓的"混植"手法。不仅可以体现特殊效果，同时可以调整汉字、假名、英文和数字之间的平衡。

重叠不同的字体

健やかな暮らし

在黑体的基础上重叠明朝体是非常常见的。需注意的是，文字的大小、位置以及文字所使用的颜色等之间的平衡是十分重要的。

将文字成角度排列

健やかな暮らし

左侧图例中文字以左倾15°并排排列。倾斜幅度越大，动感效果越强，但是过于倾斜会使文字难以辨认。

文字沿水平方向倾斜

健やかな暮らし

在通常情况下，为强调正文中的某个字时，经常将这个字变为斜体字。

同一行中每个字的倾斜度各不相同

健やかな暮らし

与整行文字以相同角度倾斜的设计相比，这种变化可以体现动感，且富于变化。正式的纸质印刷品应该避免这种略带轻浮的修饰效果。

同一行中每个字的位置随机排列

健やかな暮らし

同一行中每个文字的位置随机排列，呈现上下参差的效果，营造出热闹、愉快的氛围。

利用身边的素材

必须进行手绘作业

必须拍照、扫描

比较花费时间和精力

改变文字的字号

楽しく暮らす生活

这是通过改变文字的字号，体现动感和变化的设计类型。只加大或者缩小一部分文字的字号，可以起到强调作用。

为文字添加阴影

健やかな暮らし

这种方法可以使读者感受到平面媒体要素的纵深感。根据文字之间的间隔、文字的色彩不同，整体效果会有很大的差异。

为文字添加彩色阴影

健やかな暮らし

与添加晕色阴影的方法相同，这种方法也可以使文字产生纵深感。但是与晕色阴影的效果相比，这种方法会在一定程度上使画面自然、柔和的效果大打折扣。

将文字设计成阳文效果

健やかな暮らし

将文字设计成阳文效果，体现立体感。不仅可以以相同的角度、间隔添加重影，还可以随意地增加多层重影。

为每个文字添加圆形背景

健やかな暮らし

即使是简单的图形，作为文字背景，也可以使画面效果大不相同。突出背景颜色，将文字做反白处理，也是常见的处理手法。

用正方形圈框每个文字

健やかな暮らし

正方形搭配标准的日文字体，比添加圆形背景的操作更加简单。左图中的每个方格之间留出一定的间隔，也可以设计成不留间隔的稿纸格式。

只改变特定文字的颜色

芽吹きの春到来

这是强调特定局部的手法，强调的对象可以是字、词、句等，广泛用于各种媒体的设计中。需注意的是，过多使用会给人杂乱无章的印象。

为每个文字着不同的颜色

楽しい宴を開催

这种方法旨在演绎华丽、时尚、流行的感觉。在表现不同的内容、要素时非常有效，但同时应该注意保证画面的整体感。

对整行文字的色彩进行渐变处理

芽吹きの春到来

将整行文字作为一个要素来处理，着色呈现渐变效果。注意不要因为色彩的变化而影响文字的可识别性。

对每一个字的色彩进行渐变处理

芽吹きの春到来

对每一个文字的色彩都进行渐变处理。与对整行文字着色相比，统一感和流动感减弱了，但变化的节奏感却增强了。

在文字色彩中添加条纹

芽吹きの春到来

条纹线的角度可以体现不同。可以与文字平行或垂直，只要保证不影响文字的可识别性即可。

在文字色彩中添加水滴图案

芽吹きの春到来

与添加条纹相比，"花纹图案"的效果更明显。明朝体和仿宋体等细长的字体不适合采用这种方法。

无需事先准备　利用身边的素材　必须进行手绘作业　必须拍照　扫描　比较花费时间和精力

通过加工文字的方法体现变化

当仅仅使用不同的字体难以充分表现版面的变化效果时，可尝试更多种文字加工方法。下面介绍几种以字体为基础的变化方法。

添加将文字一分为二的斜线

❶

鋭い視点の持論

左图通过斜线分割文字，横线分割也可以体现很有气势的效果。当然，也可以加入一些错位、重影的变化。

为分割后文字的局部着不同的颜色

❶

鋭い視点の持論

为分割后文字的局部着不同的色彩，以体现变化效果，但应保证文字的可识别性。

在背景内进行分割文字的配色

❶

鋭い視点の持論

将文字的背景一分为二，分别使用渐变处理。另外，文字和背景的颜色相反，使用双色和谐搭配。

在文字上插入锐角切纹

❶

鋭い視点の持論

仅通过添加类似伤痕般的图案，即可实现文字效果的改变，较粗的字体尤其适用。

用玻璃纸胶带粘掉文字的局部

✿ ◎ ☽

鋭い視点の持論

在把握整体平衡的基础上，将以通常字体打印后的文字用玻璃纸胶带粘掉局部，可以体现沧桑感。

对文字的局部进行色彩强调

鋭い視点の持論

对一个文字的局部进行色彩强调。如左侧图例所示，对"口"、"目"等要素局部着以不同的色彩。

改变局部要素的形状

鋭い視点の持論

可以采用以圆代替点等方法。在体现微调效果的同时，还可以结合上述分类着色的方法进行设计。

改变局部要素的字体

鋭い視点の持論

将黑体、明朝体等完全不同的字体组合，体现独特的效果。在表现特殊的非常用汉字时，也可以采用这种方法。

将局部要素用插图代替

鋭い視点の持論

图例中将带有文字"目"的部分用插图代替。被插图代替的文字含意对于读者来说，必须清晰明确。

在文字的空心部分填涂颜色

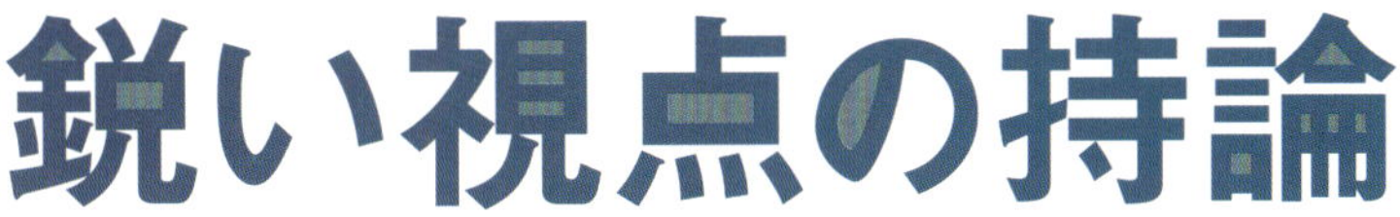

鋭い視点の持論

在像"口"等由文字笔画构成的空心部分填涂颜色。由单色构成、略显沉闷的画面可以采用这种方法。

将文字的边角剪裁成圆形

鋭い視点の持論

没有适合字体的情况下，可以人为地将文字的边角剪裁成圆形，显示平易的亲和感。

无需事先准备　利用身边的素材　必须进行手绘作业　必须拍照　扫描　比较花费时间和精力

变化文字局部的形状

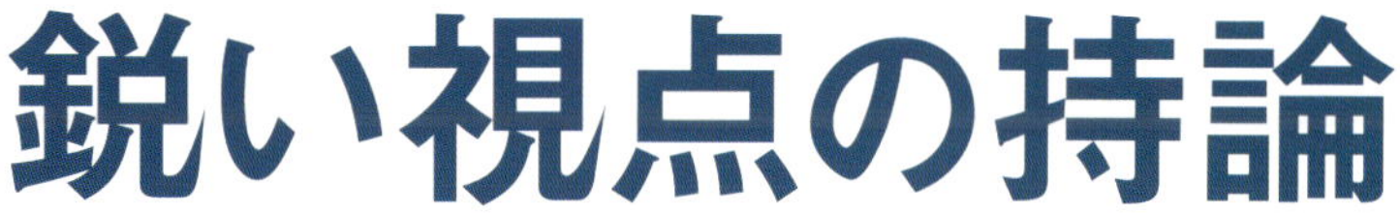

鋭い視点の持論

无法设计制作创新字体时，仅将文字的一部分变形，也可以具有独特的效果。同时，还可以用于调整平衡效果。

强调文字的局部

幅広い視点の持論

找出文字中容易成为焦点的部分，突出强调。这种方法经常用于标志设计中。

使文字行带有一定的视角

鋭い視点の持論

体现纵深感、动感，非常适用于要求表现文字特殊效果的设计。

为每个文字设计不同的视角

鋭い視点の持論

并非文字行整体，而是以每个文字为单位进行视角加工。也可以仅将文字行中的一部分进行视角处理。

为每个词组设计一定的视角

鋭い視点の持論を語る

以每个词组为单位进行视角加工，表现动感和节奏感。也可以将文字行设计成曲折的形状。

为文字的阴影设计一定的视角

鋭い視点の持論

通过文字阴影的倾斜可以表现变化与动感。左侧图例中显示的是文字与其阴影重合的效果。

为文字行添加晃动时的模糊效果

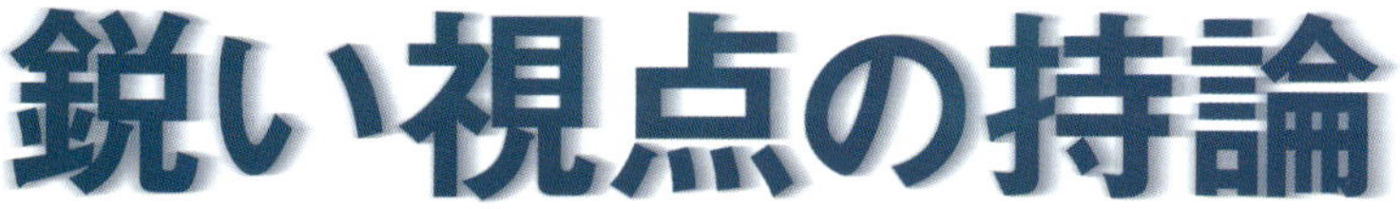

鋭い視点の持論

添加这种晃动时的模糊效果，表现移动时的速度感。需要注意的是，应保证文字的可识别性。

为文字行添加渗透效果

鋭い視点の持論

使文字模糊化，呈现渗透效果。需要表现温暖、和谐的效果时，可以采用这种方法。

为文字添加立体 **3D** 效果

鋭い視点の持論

具有立体感的文字本身就十分醒目。纵深部分不仅可以同色系颜色着色，还可以采用完全不同色系的颜色着色，体现精彩的视觉效果。

使文字的边框具有立体效果

鋭い視点の持論

并非文字整体，而是使文字的边框呈现立体效果。与普通的带有边框的文字相比，体现立体效果的边框文字更具有视觉冲击效果。

将文字着色，与边框分离

鋭い視点の持論

以着色文字为基础，边框与其分离错开。可以将边框多重重叠，展现动感效果。

使文字从背景中凸显出来

鋭い視点の持論

对文字与背景的处理同时进行。左侧图例中将各种处理方法综合，并没有任何不协调的感觉。

无需事先准备

利用身边的素材

必须进行手绘作业

必须拍照·扫描

比较花费时间和精力

在文字中嵌入图案

鋭い視点の持論

左侧图例中，波形的图案出现在文字里。除火焰、水纹等图案之外，风景等主题的照片也可以被嵌入文字中使用。

使文字体现布料质感

鋭い視点の持論

在文字的涂色上体现布料质感。通过颜色的搭配，产生牛仔布的效果。

使文字体现塑料质感

鋭い視点の持論

这种方法常见于标志设计中。体现立体感的同时，使文字更加突出、醒目。

使文字体现凹凸质感

鋭い視点の持論

这种方法也经常用于标志设计中。体现坚定、挺括效果的同时，文字明确清晰。

用柔和的边框将文字圈框起来

鋭い視点の持論

将边框进行发光或渐变处理，中和了文字艰涩感，体现柔和的视觉效果。

将文字设计成镂空效果

鋭い視点の持論

边框着色的镂空文字，即使在白色的背景中也能清晰、一目了然，具有较强的视觉效果。

对文字进行条纹状分割

鋭い視点の持論

左侧图例中对文字进行条纹状分割，并着以不同的颜色。应根据文字确定分割的间隔。

对文字进行马赛克式分割

鋭い視点の持論

利用随意、细窄的马赛克分割文字。削减局部、改变颜色，可以表现格外生动的效果。

通过细小的方格表现文字

鋭い視点の持論

在文字的轮廓中添加细小的方格图案。可以调节方格图案的大小和文字颜色的浓淡。

带有颗粒状效果的文字

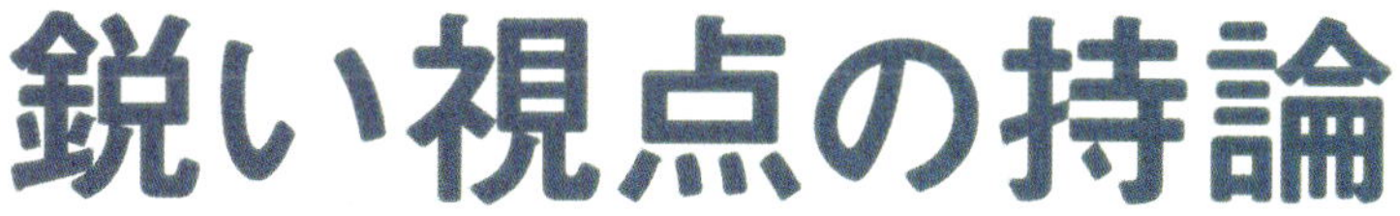

鋭い視点の持論

将颗粒状图案散布在文字中，使文字看起来具有沙粒般粗糙的效果。

在文字中添加规则的伤痕图案

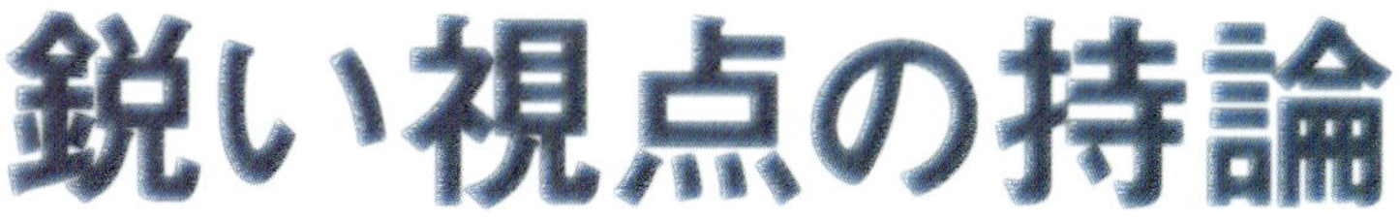

鋭い視点の持論

左侧图例中从左向右添加伤痕图案。与随意添加的方式相比，规则添加的方式更显整齐。

体现传真、复印的文字效果

鋭い視点の持論

复印机、传真机是表现模拟效果的必备工具。经过反复多次处理，更具强调效果。

无需事先准备

利用身边的素材

必须进行手绘作业

必须拍照、扫描

比较花费时间和精力

通过使用新字体的方法体现变化

一直使用已有字体，
设计时明显感到缺乏原创性……
在这种情况下，
可以尝试以下方案。

用彩色铅笔手绘文字

手作りの温もり

手绘文字可以表现出朴素、低调的效果。也可以使用蜡笔或口红。

用原珠笔手绘文字

手作りの温もり

可以通过描绘细线条的原珠笔来手绘正文文字，确保文字清晰、明了。也可以单独用来手绘标题文字。

用马克笔手绘文字

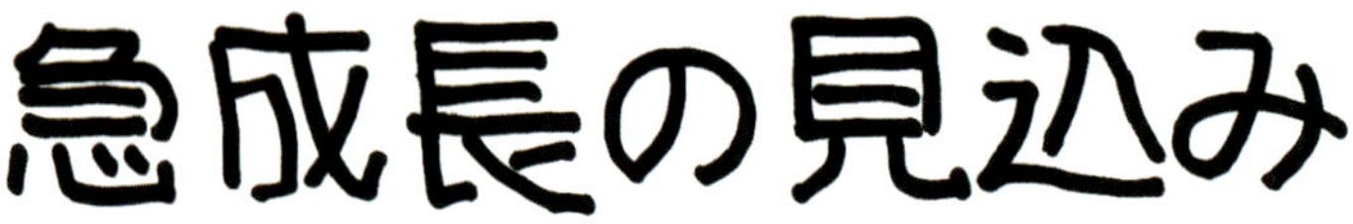

急成長の見込み

标题等需要特别强调的部分，可以使用笔迹较粗的马克笔。慢慢书写，还可体现出墨迹的渗透感。

用毛笔手绘文字

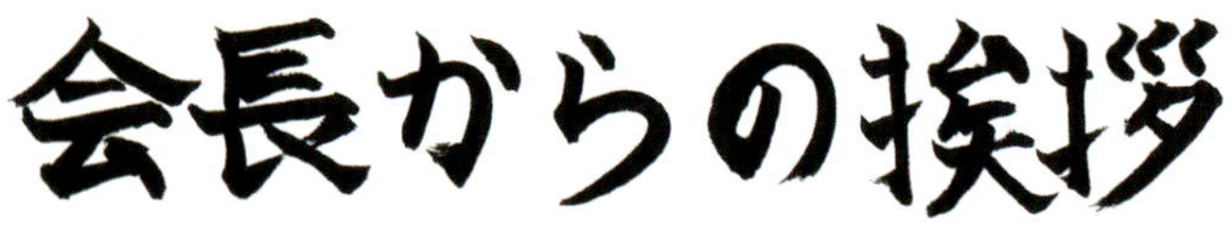

会長からの挨拶

用毛笔书写也是目前很流行的设计手法之一，可以表现一种气魄、气势。没有墨汁、毛笔的话，使用软头钢笔也可以。

用铅笔勾画文字轮廓并描黑

健やかな暮らし

细细的铅笔线用来描绘轮廓。标题用铅笔涂黑，体现素描风格。

利用橡皮加工铅笔文字

利用橡皮简单加工铅笔手绘的文字，体现未完成、模糊的效果。

用喷涂法绘制文字

用胶带盖住文字以外的部分。柔和的文字，体现了手工制作的感觉。

用烘烤的手法绘制文字

用柠檬、橘子的果汁等绘制出的文字，经火烤后浮现出来，表现出怀旧、复古的风格。

用橡皮制作印章

表现模拟效果的印章。可以利用橡皮、萝卜等材质制成印章。

拍摄在木板上雕刻的文字

准备木板，在上面雕刻出文字，营造朴素的氛围。也可以为雕刻的部分着色，凸显文字部分。

在木板上烧刻文字

这是利用木板的又一种方法。烧刻文字难以掌握时，可以利用图像加工处理，模拟烧刻效果。

无需事先准备

利用身边的素材

必须进行手绘作业

必须拍照・扫描

比较花费时间和精力

用针线缝出文字

用针线缝出文字，并拍照。用粗线缝，或反复重叠缝，都可以有效提高文字的可识别性。

在棉布、毛毡上粘贴文字

以裁剪的棉布或毛毡为背景，文字原料可以采用市场上常见的文字形状的嵌花、贴花等。

用绳子·皮筋构成文字

以绳子为原料，可以强调手工制作的感觉。用绳子或皮筋拼接构成文字，表现立体感。

拍摄在沙地上写出的文字

在沙地上写字，通过深浅的不同凸显文字。尽可能选择沙质比较细腻的沙地，以提高文字的可识别性。

拍摄用沙土写成的文字

与上则案例刚好相反，这是利用沙土写出的文字。由于难以定形，可以事先做好文字模型，再将沙土注入其中。

用小石块拼出文字

路旁的小石块也可以构成文字。左侧图例中的彩色小石块可以在杂货店里买到。

用细树枝拼成文字

✿ ◉

合唱コンクール

利用可以明确表现细线条的小树枝构成文字。左图中，并没有将树叶全部摘除，局部保留，以体现亮丽、修饰的感觉。

用橡皮泥构成文字

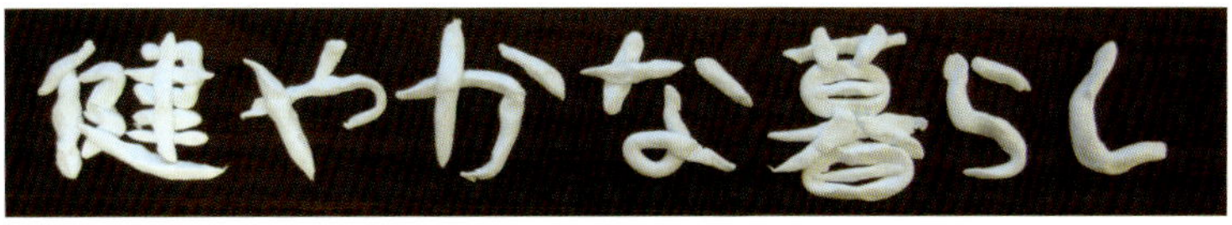

✿ ◉

健やかな暮らし

该设计方法兼顾了朴素的效果和文字的可识别性，橡皮泥不一定要在专业店铺购买，在一般商店里就可以购买到儿童用的橡皮泥。

利用撕纸手法构成文字

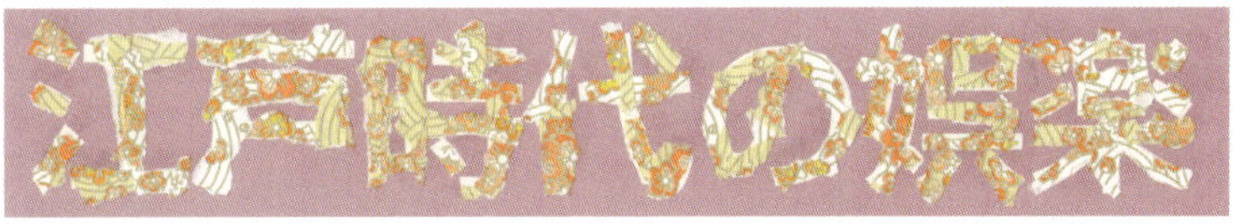

✿ ◉

江戸時代の娯楽

利用带有花纹图案的日式和纸，可以轻松营造出独特、个性的氛围。利用撕纸的手法，可以具有很强的视觉冲击力。

用剪纸表现文字

✿ ◉

エコ・スタイル

用剪刀剪开彩纸，其镂空部分形成文字。和所谓的"白色镂空文字"属于相同手法。

用莱茵石构成文字

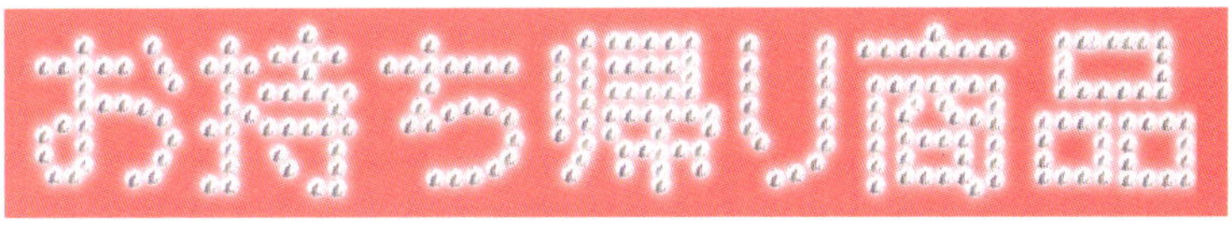

✿ ◉

お持ち帰り商品

通过排列有孔的串珠、宝石等装饰品，构成文字。如果觉得很难漂亮地进行整体排列的话，可以拍摄下每个文字，再进行电脑加工。

用彩色胶带构成文字

✿ ◉

江戸時代の娯楽

用彩色胶带拼成文字。带有一点不整齐、粗糙的效果，才更具独特性。

❶ 无需事先准备
✿ 利用身边的素材
🔨 必须进行手绘作业
◉ 必须拍照·扫描
🕐 比较花费时间和精力

67

用黏合剂构成文字

左图中使用日常的木工用黏合剂。透明黏合剂也可以体现很精彩的效果。但是，等待干却需要花费一定的时间。

用冰激凌木勺构成文字

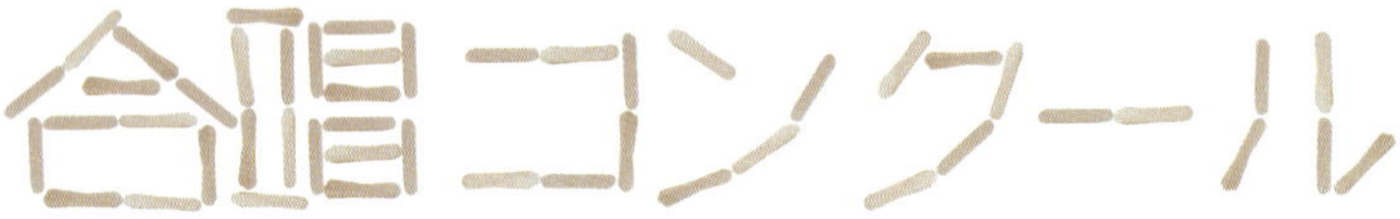

利用买冰激凌时附带的小型木勺构成文字。一次难以大量收集时，可以逐一拍摄用同样的木勺拼成的文字，再进行电脑加工。

剪贴印刷品上的文字

裁剪报纸等印刷品上的文字。由于取材于各种印刷品，因此可以轻松演绎出多种多样的变化类型。

用剪短的通心粉构成文字

将水煮前的意大利通心粉剪成适当的长度，构成文字。通过剪短通心粉完成的各种拼接，可以营造出与众不同的氛围。

利用输入文字时的电脑画面

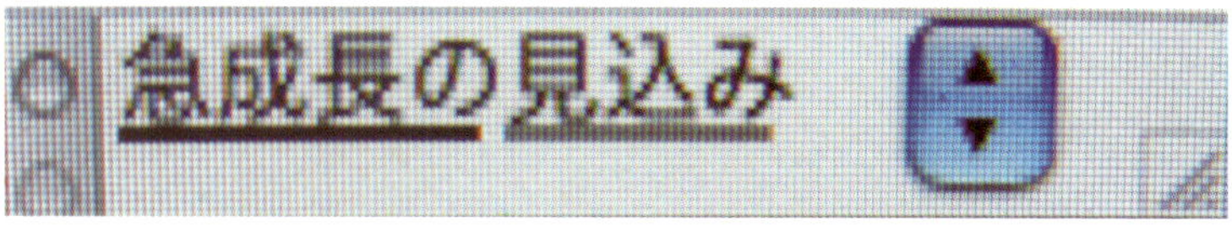

将输入文字时的电脑画面拍摄下来。需要使用具有拍摄屏幕功能的相机。

拍摄电脑键盘，并按次序排列

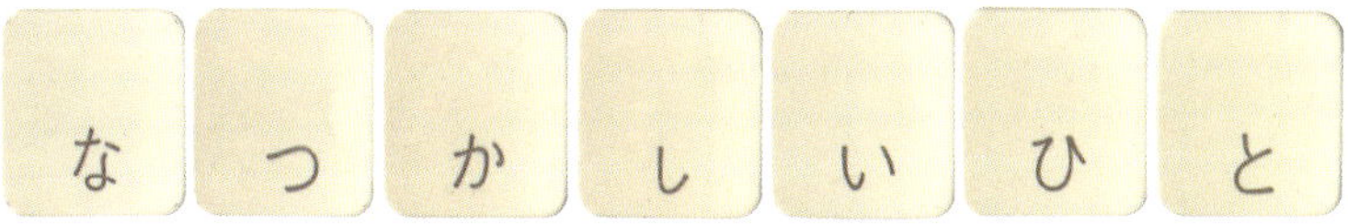

将电脑的键盘拍摄下来。一般情况下，一个按键上会同时印有英文和假名的标记，最好将不需要的部分用电脑软件删除掉。

将沐浴液喷涂成各种独特的形状

⚙ 📷

手作りの温もり

仅仅摆放花、星等装饰图案就可以具有华丽的效果。左侧图例中用沐浴液喷涂出各种形状的图案，组成文字，表现出可爱、热闹的效果。

将电灯泡排列成文字形状，并拍摄

⚙ 📷 🕐

おすすめのお店

利用广告牌中经常使用的电灯装饰品，构成文字。实际上，左图中只拍摄了一个电灯泡，排列成文字的工作是通过操作电脑软件完成的。

重叠圆形，构成云彩状文字

❗

おすすめの店舗

带有蠕动效果的云彩状文字。将组成文字的圆点重叠，就可以很轻松地达到这种效果。

连接长方形构成文字

❗

急成長の見辽み

单纯连接四边形等图形，可以形成与以往一般文字不同的视觉效果。尤其是长方形，十分容易操作。

构成具有像素风格的文字

❗

お持ち帰り商品

再现电子告示牌中具有像素效果的文字。与数码产品相关的印刷品经常采用这种风格的文字设计。

构成条形码风格的文字

❗

お買い得特価

条形码风格的文字可以使人联想到"商品""价格"等要素。在把握平衡效果的同时，用白线与现有的黑色文字重叠，可以简单再现这种条形码风格。

❗ 无需事先准备　⚙ 利用身边的素材　✂ 必须进行手绘作业　📷 必须拍照、扫描　🕐 比较花费时间和精力

使英文、数字、符号富于变化

在由英文、数字构成的版面中，要体现与日文不同的处理方法。下面还将同时为大家介绍符号的处理方法。

使用装饰性强的英文字体

❶

Abcdefg Hijkl Mnop

使用装饰性强的英文字体，在追求体现高级感的媒体中，可以轻松表现华丽效果。

使用英文无衬线字体

❶

ABCDEFGH

像日文有明朝体、黑体等不同字体一样，英文也存在各种字体。无衬线字体比较适合表现现代化的感觉。

使用衬线字体

❶

ABCDEFGH

横竖笔画线条粗细不同，并强调特征元素。相当于日文的明朝体，属于基础字体。

使用斜体

❶

ABCDEFGH

日文中也有类似的斜体字。具有强调、引用的作用，装饰标题文字时也可以使用。

使用 POP 字体

❶

ABCDEFGH

英文字符数较少时，经常采用自由字体。其中 POP 字体是最能体现独特效果的。

使用阿拉伯数字

123456789

阿拉伯数字是最标准的数字表示方式。但是，在竖排版的文字内容中经常采用汉字数字。

使用罗马数字

I · II · III · IV · V · X

I 代表 1，V 代表 5，X 代表 10。设计中采用罗马数字代替阿拉伯数字也是很常见的。

使用小写字母

abcdefghijklm

通常，第一个英文字母应该大写表示。但是，没有特别规定时，可以全部用小写字母表示。

使用小号的大写字母

ABCDEFGHIJKL

通常，从第二个英文字母开始应该采用小写表示。左侧图例中将大写字母的字号缩小，给人独特、小巧、袖珍的印象。

使用英文的逗号和句号

ABC,DEF,GHIJ.

英文和日文都有自己对应的标点符号。可以配套出现在相应的文字中。

使用日文的句号和逗号

ABC、DEF、GHI。

左侧图例中采用的是日文的标点符号。也可以故意将日文的符号用在英文标题中，体现与众不同的效果。

搭配 2 字节英文

ABCDEFG　ABCDEFG
あいうえおかき　あいうえおかき

日文构成基本的正方形，而英文字母往往构成匀称的长方形。2 字节英文（左）和日文的宽度很容易保持一致。

搭配 2 字节数字

1234567　1234567
あいうえおかき　あいうえおかき

数字也可以分为 1 字节（右）和 2 字节（左）。应注意区别 1 字节和"半角"模式的不同。

全角模式、半角模式和三分文字

1234567　123456　123456
あいうえおかき　あいうえおかき

固定在 2 字节文字一半宽度的文字为"半角"模式中。可以起到将两位数字与一个日文假名对齐的作用。

使用带有圈框修饰的数字

01 02 03 04 01 02 03 04

在分条款叙述内容时（参照第 148 页），往往将数字放在文字开头。使用带有圆形或矩形背景修饰的数字，可以显得更加整齐。

使用带有圈框修饰的英文

a b c a b c m² æ

不只是数字，英文字母也用圆形或矩形方格来修饰。另外，单位、音标等符号也都可以这样使用。

以装饰文字为基础进行加工

1 2 3 4 1 2 3 4

结合圈框修饰方法和已有的装饰文字，操作性更高，更容易设计出具有原创性的作品。

为数字铺设图形背景

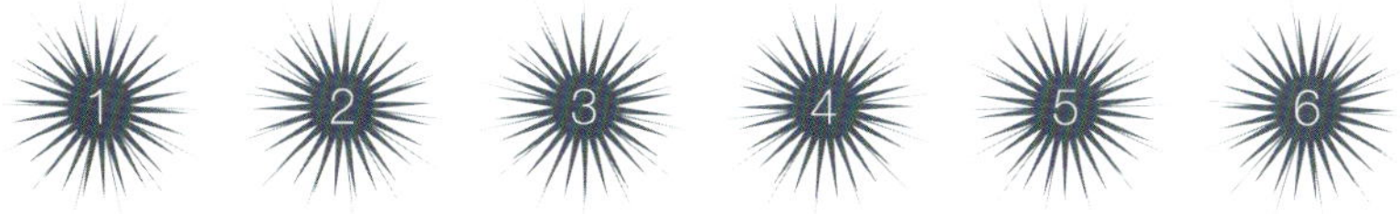

除了圈框处理之外，将图形、插图铺设在数字后，也可以使数字更加醒目。星星、心等各种图形都可以使用。

设计数码风格的数字

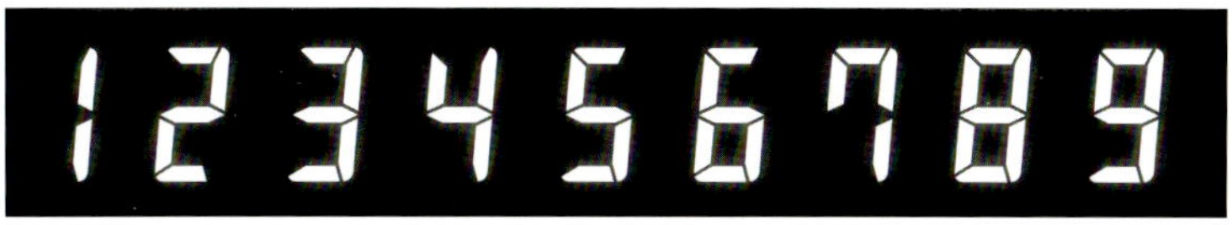

在表现机械性、酷的氛围时，可以采用这种方法。通过简单图形的组合搭配即可实现。

表现扑克牌风格的数字

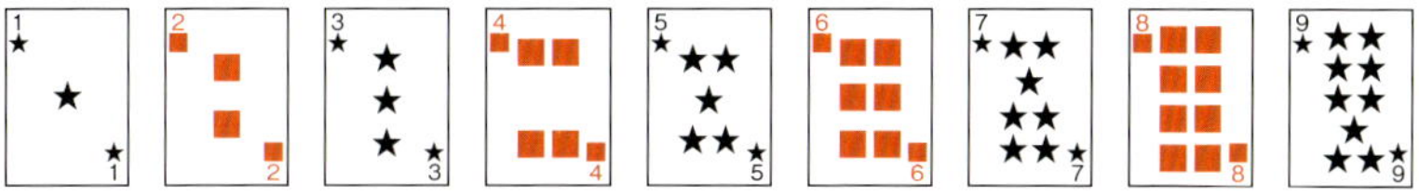

利用扑克牌，可以使人轻松联想到数字。左侧图例中使用的是带有虚拟色彩的扑克牌。使用实际的扑克牌照片也可以。

表现麻将牌风格的数字

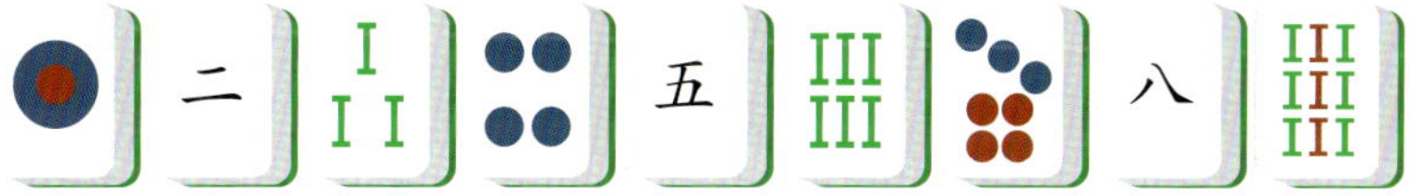

与利用扑克牌的方法相同，通过麻将牌表现数字非常具有特色，但是不适合用于表现严肃、正统印象的媒体版面中。

利用蜡烛表现数字

源于利用插图数量表现数字的方法。同时，包括熄灭的蜡烛在内，可以使读者轻松地了解到"与总数的比例关系"。

利用骰子表现英文和数字

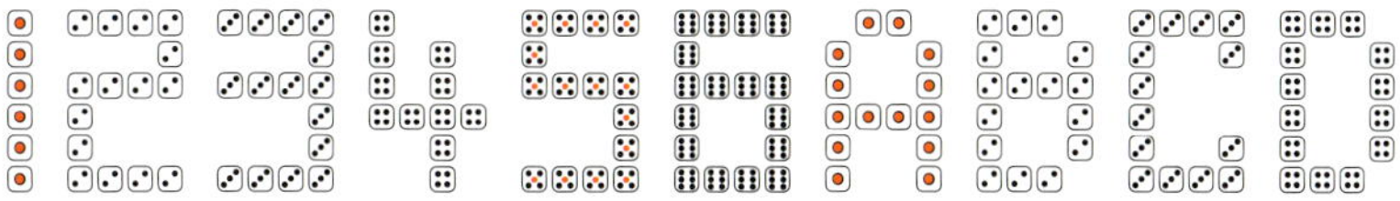

骰子本身就可以表现数字，但是只能表现6以内的数字。经过非现实主义的变形之后，不仅可以表现6以上的数字，同时还可以表现英文。

73

对英文字母进行分割加工

❶

ABCDEFGH

文字的分割对于日文假名有效，对于结构更接近于图形的英文字母更加有效。相反，利用图形也可以拼接成英文字母。

在英文字母中添加插图

❶

ABCDEFGH

例如，在字母 A、B、D 的内部空间添加星状图案。另外，英文字母"O"和数字"0"等很多英文、数字符号都可以使用这种方法。

重叠英文字母

❶

ABCDEFG

将具有几何构造的英文字母进行错位、重影处理是十分简单易行的。左侧图例中，重叠的英文字母的中空部分进行了适度的削减。

在英文字母的笔画端点添加变化

❶

ABCDEFGH

左侧图例中，随意地在英文字母的笔画端点添加长线条，体现变化效果。另外，搭配三角形、圆形等几何图形，也可以表现出非常精彩的效果。

利用细线条构成英文字母

❶

ABCDEFGH

与日文假名不同，英文字母基本都可以通过直线、圆等图形简单地拼接构成。左图则使用了简单的细线条。

在英文涂色部分添加线条

❶

ABCDEFGH

接近图形构造的英文，在其轮廓部位重复描画是简单易行的。左侧图例中，在字母涂色部分添加线条，体现变化效果。

保证日文和英文之间的平衡与协调

！

第8回 CONCERT

在以日文文字为主的版面中也可以添加使用不同字体的英文、数字。注意保证所选字体之间的平衡与协调。

强调风格完全不同的英文字母

！

第8回 *Piano Concert*

特意添加字体差异较大的英文、数字，起到强调的作用。注意连贯性，不要给人留下半途而废的印象。

区分使用大括号和小括号

！

「大カギ」「小カギ」

通过选择不同的括号，体现变化效果。如左侧图例所示，同时出现大括号（左）和小括号（右），混合搭配。

区分使用各种连接符号

！

•中点•中点·中点·

与括号相同，连接符号也有很多选择，如大号圆形、小号圆形、菱形和正方形等等。

利用装饰线、图形等表现括号

！

「力ギ括弧」▼力ギ括弧◢

没有合适的括号符号时，可以通过装饰线、图形自行设计，这样可以使符号的处理更加灵活。

将重复出现的字符用插图代替

！

☎ 00-0000-0000

"电话号码"、"TEL"等同样的字符反复出现时，可以用插图代替。

！ 无需事先准备

✿ 利用身边的素材

✎ 必须进行手绘作业

◉ 必须拍照、扫描

◷ 比较花费时间和精力

整理、添加副标题

报道标题经常带有副标题。
下面介绍一些
可以确保二者平衡，
并能发挥最大功能的方法。

与主标题右对齐

生活の達人にコツを学ぶ！

健やかな
暮らしかた

这是最标准的布局类型。文字大小不一致时，左对齐显得比较整齐。

配合主标题的宽度两端对齐

生活の達人に学ぶ！

にぎやかな
暮らしかた

主标题与副标题宽度相同，增加一致性、统一性。特别是均等设置标题文字间隔时，更能体现这一效果。

与主标题末尾对齐

健やかな
暮らしかた

生活の達人にコツを学ぶ！

一般情况下，都是将主标题、副标题开头对齐，也可以根据情况将末尾对齐。但是，应注意确保内容过渡的自然性。

占据主标题文字的空间

達人から
教わる！ 元気で
にぎやかな
暮らしかた

占据主标题文字一个字的空间，将副标题以多行的形式添加其中。强调二者结合的紧密性。

在主标题行间添加副标题

生活の達人から学び取り
にぎやかな
自分の生き方に反映して
暮らしかた
心行くまで人生を楽しむ！

主标题和副标题的文字量都很多时，可以采用这种方法。应注意背景色、文字颜色的搭配，确保文字的可识别性。

在主标题行间错落添加副标题

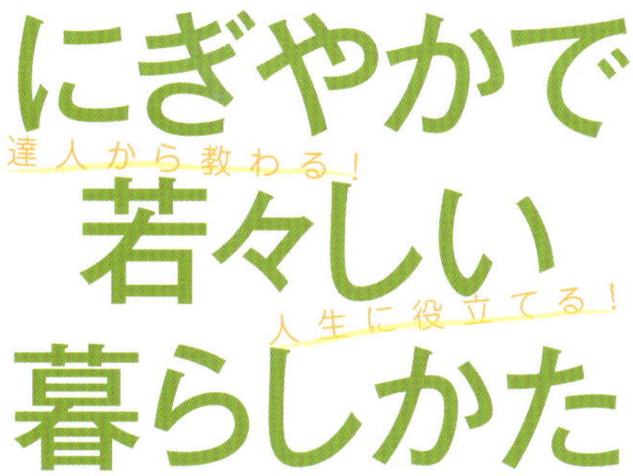

にぎやかで
若々しい
暮らしかた

達人から教わる！
人生に役立てる！

当存在不止一个副标题时，可以采用这种方法。一定的倾斜度可以表现富于动感、变化的效果。

与主标题文字重叠

にぎやかで
若々しい
暮らしかた

在确保标题文字可识别性的前提下，大胆将主标题与副标题文字重叠。如上图所示，搭配了半透明的底色。

将主标题与副标题同置于圆形背景中

達人に学ぶ！
健やかな
暮らしかた

在副标题后，铺设圆形或三角形背景。与主标题重叠，强调主标题与副标题结合的紧密性。

用弧形的副标题包夹主标题

生活の達人から教わる！
健やかな
暮らしかた
自分の人生に役立てる！

通过文字包夹，强调整体感的同时，使主标题更加醒目。较长的副标题可以上下分开摆放。

沿着文字行的一部分设置

健やかな
暮らしかた

生活の達人から教わる！

如上图所示，副标题沿着主标题第二个文字开始。由英文、片假名构成的主标题适合采用这种方法。

用方格圈框标题文字

にぎやかで
健やかな
暮らしかた

生活の
達人に
教わる！

用方格圈框标题文字非常常见，如上图所示，在等大的方格内添加副标题。将副标题方格放在主标题中央，也是很有趣的选择。

无需事先准备

利用身边的素材

必须进行手绘作业

必须拍照·扫描

比较花费时间和精力

只对副标题着色

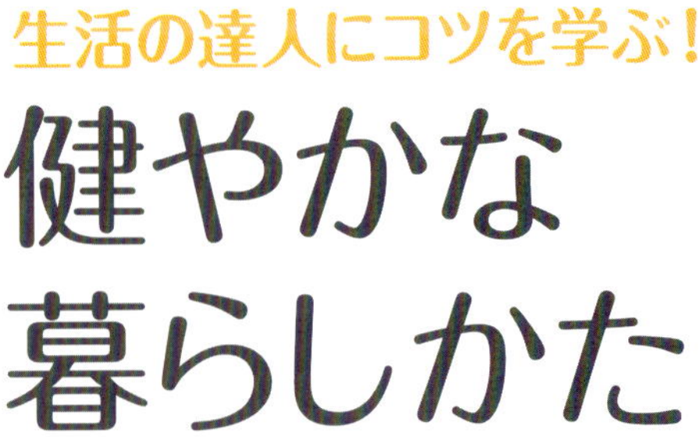

生活の達人にコツを学ぶ！

健やかな
暮らしかた

黑色是表现力很强的颜色。主标题文字由黑色构成，副标题可以着鲜艳的色彩。

颜色相同，字体不同

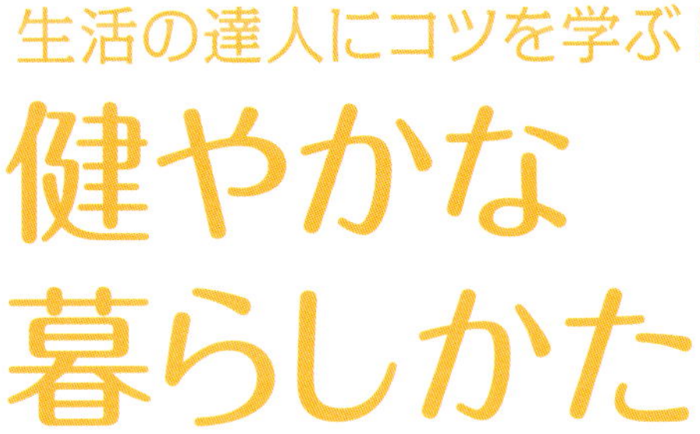

生活の達人にコツを学ぶ！

健やかな
暮らしかた

主标题和副标题全部使用一样的颜色，二者的结合更加紧密。可以通过文字字号和字体的不同来体现差异。

同色系颜色浓度不同，体现变化

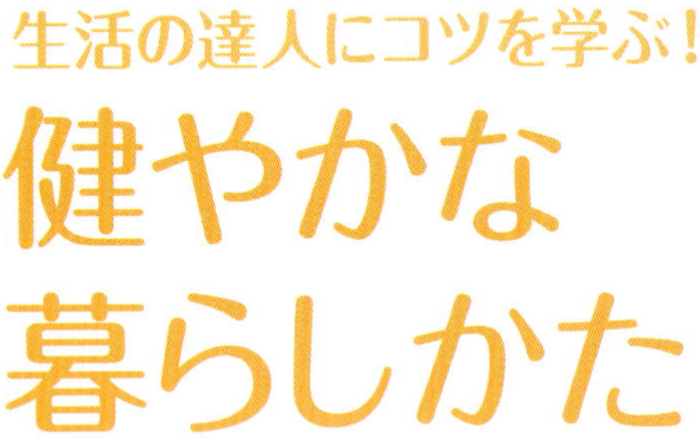

生活の達人にコツを学ぶ！

健やかな
暮らしかた

不想改变字体、字号，使用同一种颜色，也可以通过颜色浓度的不同来体现变化效果。与上图相反，将标题的颜色调淡，也十分有趣。

与主标题相反，将副标题设计成反白文字

生活の達人にコツを学ぶ！

健やかな
暮らしかた

这是使用同一种颜色，明确体现差别效果的配色方案。当然，确保文字字号之间的平衡十分重要。

利用装饰线使主标题与副标题分离

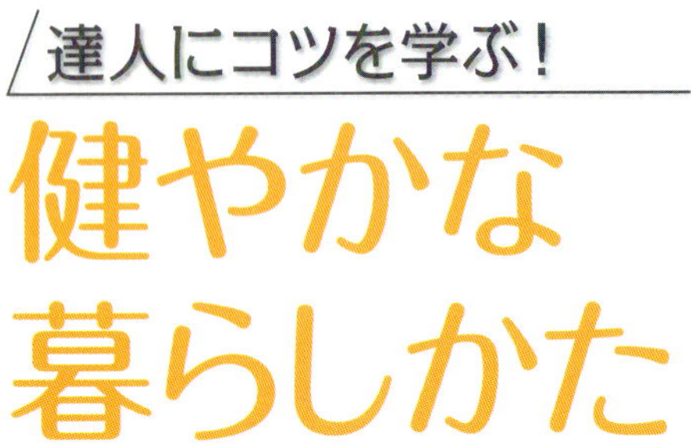

達人にコツを学ぶ！

健やかな
暮らしかた

在标题之间添加装饰线，起到明确划分空间的作用。

利用装饰线圈框副标题

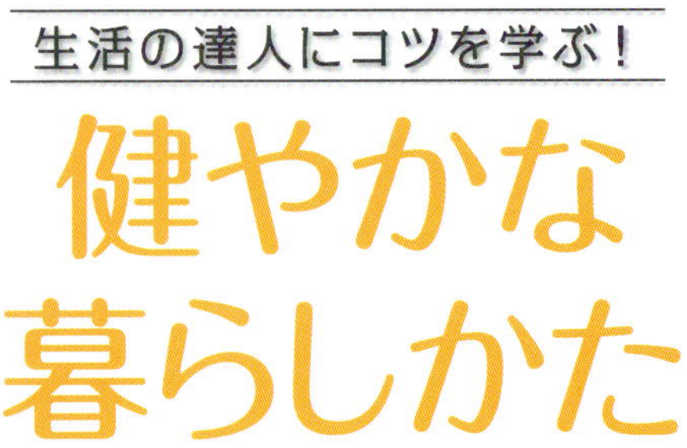

生活の達人にコツを学ぶ！

健やかな
暮らしかた

保持简约的同时，通过装饰线提高装饰性。与此相反，也可以将标题文字用装饰线圈框起来。

使用纵跨二者的装饰线

❗

生活の達人にコツを学ぶ！
**健やかな
暮らしかた**

这是通过添加装饰线增强主标题与副标题之间一体性的设计方案。可以向读者传递二者的关联性。

添加彩色背景，并加以分隔

❗

生活の達人にコツを学ぶ！
**健やかな
暮らしかた**

分割圆形、矩形等图形背景，容易使人联想到图形原有的一体性。这种手法可以用于处理副标题。

添加装饰线，演绎舞台风格

❗

＼ 達人にコツを学ぶ！ ／
**健やかな
暮らしかた**

对副标题的处理营造出打招呼情景的氛围。增加与主标题的关联性，体现华丽、热闹的效果。

为副标题添加对话框背景

❗

達人に
学ぶ！
**健やかな
暮らしかた**

与左侧案例相同，旨在突出副标题的补充说明作用。还可以有类似的很多种变体。

为副标题铺设色带

❗

達人にコツを学ぶ！
**健やかな
暮らしかた**

这是非常简单易行的方案，适用于不希望过多修饰主标题、更加凸显副标题效果的设计。

在装饰带图案中添加副标题

❗

達人にコツを学ぶ！
**健やかな
暮らしかた**

属于左侧图例的应用案例。将副标题置于装饰带图案中，即使主标题十分简约，也可以表现出轻松、愉快的效果。

❗ 无需事先准备
✸ 利用身边的素材
✔ 必须进行手绘作业
◉ 必须拍照·扫描
🕐 比较花费时间和精力

在小标题·中标题上做文章

小标题、中标题可以引导读者进入正文，
分割不同内容的文字段落。
应注意明确与正文的不同，
避免被正文文字所埋没。

留出 3 列文字的空间，将标题置于中央

❗

的確に対応すること

そこで事前に徹底しておきたいのが、この内容に関して、お客様からのお問い合わせがあった場合に、各店舗の窓口およびコールセンターの担当者は、どのように対応すべきかということだ。基本的なマニュアルは用意されているのような状況が生まれてしまっている。これは弊社にとってはもちろん、業界全体にわたる大きな問題といえるだろう。

确保了文字之间的行距，属于最基本的布局方法。也可以将标题文字的字号加大。

留出更大的空间，将标题置于中央

❗

的確に対応すること

そこで事前に徹底しておきたいのが、この内容に関して、お客様からのお問い合わせがあった場合に、各店舗の窓口およびコールセンターの担当者は、どのように対応すべきかということだ。基本的のような状況が生まれてしまっている。これは弊社にとってはもちろん、業界全体にわたる大きな問題といえるだろう。

前后文字相隔 3 至 4 列时，可以将小标题置于中央位置。小标题文字可以折行，设置为 2 列。

设置在靠后的部位

❗

的確に対応すること

そこで事前に徹底しておきたいのが、この内容に関して、お客様からのお問い合わせがあった場合に、各店舗の窓口およびコールセンターの担当者は、どのように対応すべきかということだ。基本的のような状況が生まれてしまっている。これは弊社にとってはもちろん、業界全体にわたる大きな問題といえるだろう。

将小标题设置在靠后的位置也可以，这样可以显示小标题与后边正文的关联性更强。

设置在靠前的部位

❗

的確に対応すること

そこで事前に徹底しておきたいのが、この内容に関して、お客様からのお問い合わせがあった場合に、各店舗の窓口およびコールセンターの担当者は、どのように対応すべきかということだ。基本的のような状況が生まれてしまっている。これは弊社にとってはもちろん、業界全体にわたる大きな問題といえるだろう。

将小标题设置在比较靠前的部位，这种例子并不多见。这时，需要在保证小标题与后边正文关系上做一些处理，如上图中所示。

加大小标题文字之间的字距

❗

的確に対応すること

そこで事前に徹底しておきたいのが、この内容に関して、お客様からのお問い合わせがあった場合に、各店舗の窓口およびコールセンターの担当者は、どのように対応すべきかということだ。基本的のような状況が生まれてしまっている。これは弊社にとってはもちろん、業界全体にわたる大きな問題といえるだろう。

小标题文字之间可以适度加大字距，保证其表意的清晰明确。

标题文字的开头位置与正文开头位置齐

❶

的確に対応すること

のような状況が生まれてしまっている。これは弊社にとってはもちろん、業界全体にわたる大きな問題といえるだろう。

そこで事前に徹底しておきたいのが、この内容に関して、お客様からのお問い合わせがあった場合に、各店舗の窓口およびコールセンターの担当者は、どのように対応すべきかということだ。基本的

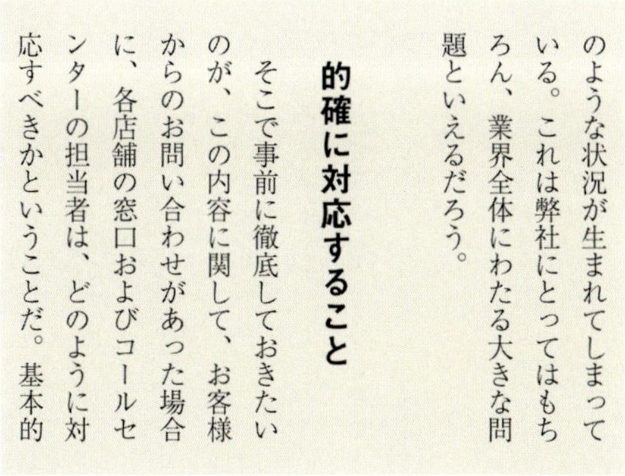

一般书籍中，正文开头位置要空出 1~2 个字。上图中，标题开头位置与正文开头位置齐。

标题文字的开头位置比正文开头位置高

❶

的確に対応すること

のような状況が生まれてしまっている。これは弊社にとってはもちろん、業界全体にわたる大きな問題といえるだろう。

そこで事前に徹底しておきたいのが、この内容に関して、お客様からのお問い合わせがあったた場合に、各店舗の窓口およびコールセンターの担当者は、どのように対応すべきかというこ

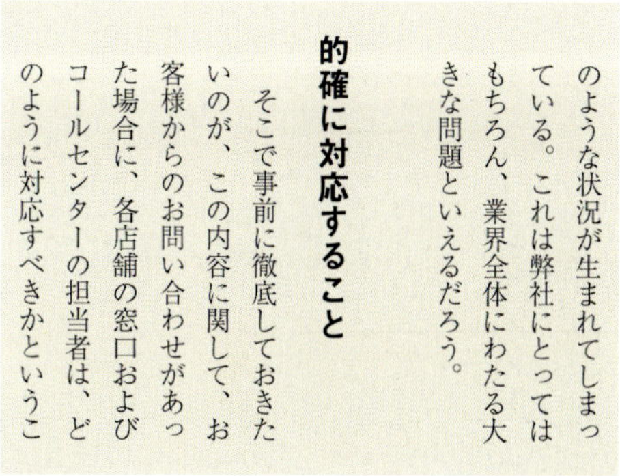

与左侧图例相反，标题文字开头位置比正文开头位置高。这种布局使标题更加醒目、突出。

使标题位于版面的下端（右端）

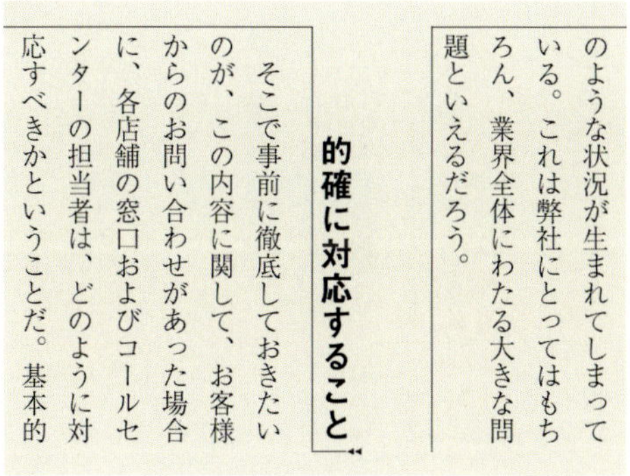

❶

的確に対応すること

のような状況が生まれてしまっている。これは弊社にとってはもちろん、業界全体にわたる大きな問題といえるだろう。

そこで事前に徹底しておきたいのが、この内容に関して、お客様からのお問い合わせがあった場合に、各店舗の窓口およびコールセンターの担当者は、どのように対応すべきかということだ。基本的

为体现变化，可以将标题设置在竖排版面的下端、横排版面的右端。但是，不管将标题置于何处，都应该确保标题的醒目。

在正文的空间里插入标题

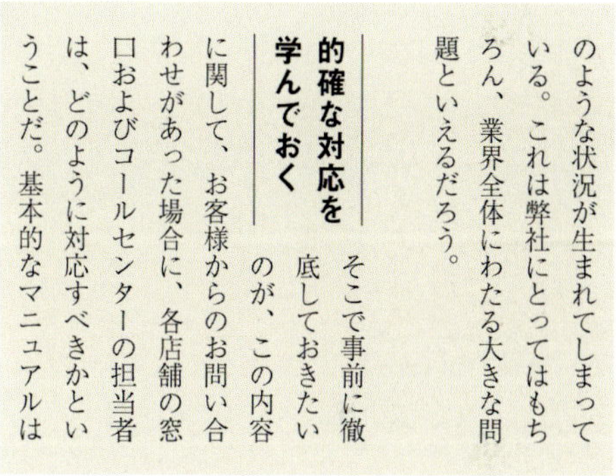

❶

的確な対応を学んでおく

のような状況が生まれてしまっている。これは弊社にとってはもちろん、業界全体にわたる大きな問題といえるだろう。

そこで事前に徹底しておきたいのが、この内容に関して、お客様からのお問い合わせがあった場合に、各店舗の窓口およびコールセンターの担当者は、どのように対応すべきかということだ。基本的なマニュアルは

将标题文字折行排列，插入正文空间里。上图中，通过装饰线将标题与正文文字分隔开，版面清晰、明了。

在标题的开头和末尾添加装饰线

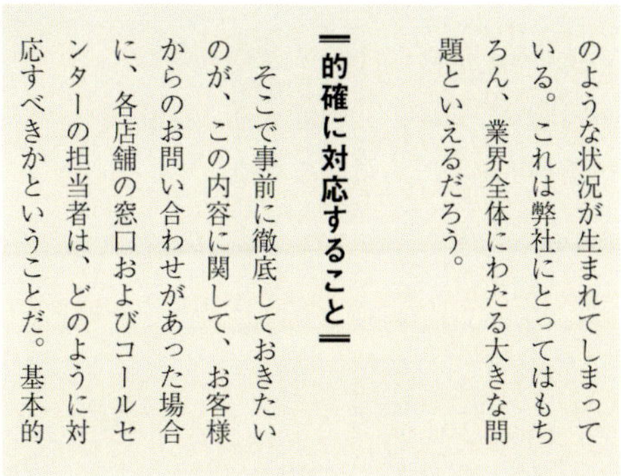

❶

＝的確に対応すること＝

のような状況が生まれてしまっている。これは弊社にとってはもちろん、業界全体にわたる大きな問題といえるだろう。

そこで事前に徹底しておきたいのが、この内容に関して、お客様からのお問い合わせがあった場合に、各店舗の窓口およびコールセンターの担当者は、どのように対応すべきかということだ。基本的

如上图所示，仅仅添加简单的装饰线，就可以产生很大的版面变化。通过这种方法，可以使标题要素更加清晰、明确。

将图形与装饰线组合

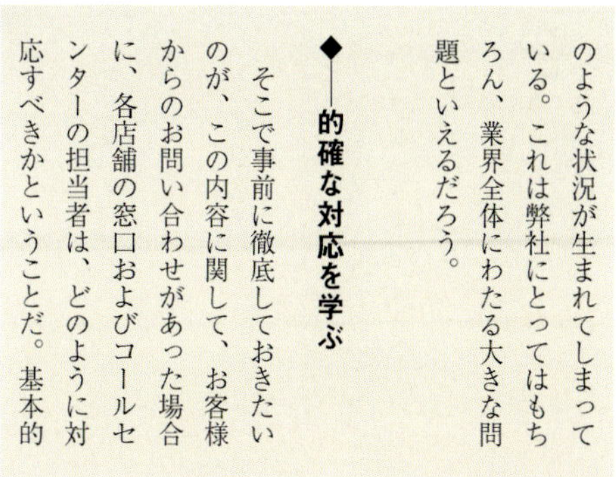

❶

◆的確な対応を学ぶ

のような状況が生まれてしまっている。これは弊社にとってはもちろん、業界全体にわたる大きな問題といえるだろう。

そこで事前に徹底しておきたいのが、この内容に関して、お客様からのお問い合わせがあった場合に、各店舗の窓口およびコールセンターの担当者は、どのように対応すべきかということだ。基本的

这是可以使标题更加醒目的有效方法。上图例，菱形图标向下引出一条线与标题文字连接，十分美观。

❶ 无需事先准备
✲ 利用身边的素材
✎ 必须进行手绘作业
◉ 必须拍照·扫描
☽ 比较花费时间和精力

标题文字字号不变，只改变颜色和字体

的確に対応すること

のような状況が生まれてしまっている。これは弊社にとってはもちろん、業界全体にわたる大きな問題といえるだろう。

そこで事前に徹底しておきたいのが、この内容に関して、お客様からのお問い合わせがあった場合に、各店舗の窓口およびコールセンターの担当者は、どのように対応すべきかということだ。基本的なマニュアルは用意されているの

标题文字空间不大时，可以采用这种方法。另外，希望给人朴素、协调印象时，这种方法同样适用。

用矩形边框圈框标题文字

的確に対応すること

のような状況が生まれてしまっている。これは弊社にとってはもちろん、業界全体にわたる大きな問題といえるだろう。

そこで事前に徹底しておきたいのが、この内容に関して、お客様からのお問い合わせがあった場合に、各店舗の窓口およびコールセンターの担当者は、どのように対応すべきかということだ。基本的なマニュアルは用意されているの

用矩形边框圈框标题文字，使标题与正文文字明显区分开，可以避免正文文字改变字体后给人凌乱的印象。

将标题文字分别插入方格中

的確に対応すること

のような状況が生まれてしまっている。これは弊社にとってはもちろん、業界全体にわたる大きな問題といえるだろう。

そこで事前に徹底しておきたいのが、この内容に関して、お客様からのお問い合わせがあった場合に、各店舗の窓口およびコールセンターの担当者は、どのように対応すべきかということだ。基本的なマニュアルは用意されているの

将标题文字的每个字都用方格圈框起来。如果希望特别强调某个字，可以改变文字的颜色，或进行立体化处理。

将标题设置于色带中，并进行反白处理

的確に対応すること

のような状況が生まれてしまっている。これは弊社にとってはもちろん、業界全体にわたる大きな問題といえるだろう。

そこで事前に徹底しておきたいのが、この内容に関して、お客様からのお問い合わせがあった場合に、各店舗の窓口およびコールセンターの担当者は、どのように対応すべきかということだ。基本的なマニュアルは用意されているの

正文文字一般是黑色或其他颜色。将色带中的标题设计成反白文字，可以使标题更加醒目、突出。

标题文字的排列方向与正文不同

対応を学ぶ

生まれてしまっている。これは弊社にとってはもちろん、業界全体にわたる大きな問題といえるだろう。

そこで事前に徹底しておきたいのが、この内容に関して、お客様からのお問い合わせがあった場合に、各店舗の窓口およびコールセンターの担当者は、どのように対応すべきかということだ。基本的なマニュアルは用意されているの

正文是横排版，标题就采用竖排版，反之亦然。如上图所示，标题出现的局部还做了细节处理。

通过标签效果处理，使标题与正文部分连接

的確に対応すること

のような状況が生まれてしまっている。これは弊社にとってはもちろん、業界全体にわたる大きな問題といえるだろう。

そこで事前に徹底しておきたいのが、この内容に関して、お客様からのお問い合わせがあった場合に、各店舗の窓口およびコールセンターの担当者は、どのように対応すべきかということだ。基本的なマニュアルは用意されているの

正文被方框框起，将标题作为标签与正文连接，体现标题与正文之间紧密的关联性。

利用图形、括号等包围标题

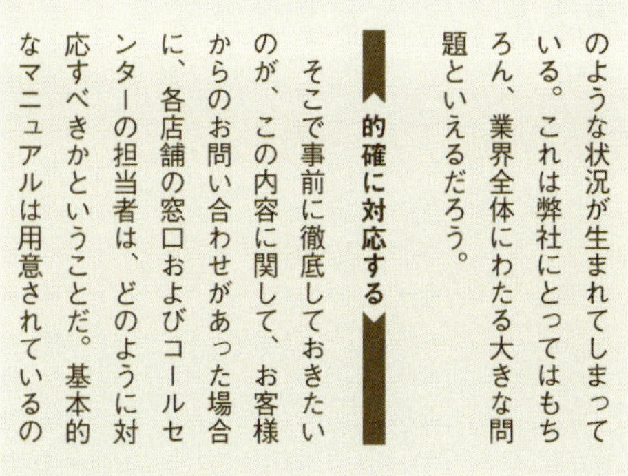

的確に対応する

なマニュアルは用意されているのが、この内容に関して、お客様からのお問い合わせがあった場合に、各店舗の窓口およびコールセンターの担当者は、どのように対応すべきかということだ。基本的そこで事前に徹底しておきたいのような状況が生まれてしまっている。これは弊社にとってはもちろん、業界全体にわたる大きな問題といえるだろう。

通过将标题圈括起来，实现其与正文文字的差别化。如上图所示，利用变形的括号标记，使标题文字更加醒目、突出。

在标题的上一行中添加段落间隔符号

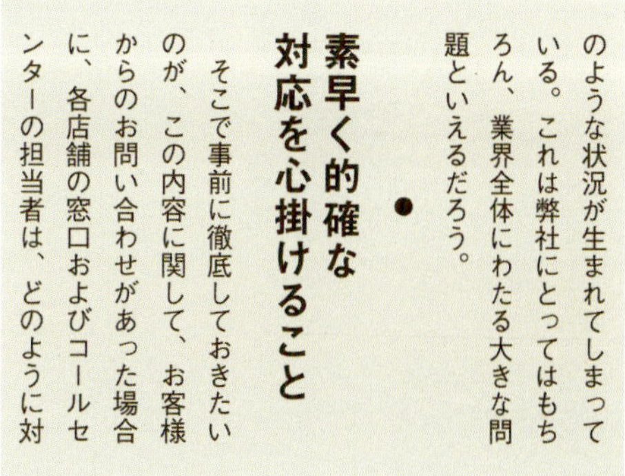

素早く的確な対応を心掛けること

なマニュアルは用意されているのが、この内容に関して、お客様からのお問い合わせがあった場合に、各店舗の窓口およびコールセンターの担当者は、どのように対応すべきかということだ。基本的そこで事前に徹底しておきたいのような状況が生まれてしまっている。これは弊社にとってはもちろん、業界全体にわたる大きな問題といえるだろう。

这是强调后文与标题关联性的一种手法。只需添加一个圆形或矩形符号，即可实现段落之间的明确切分。

为标题文字添加图形背景

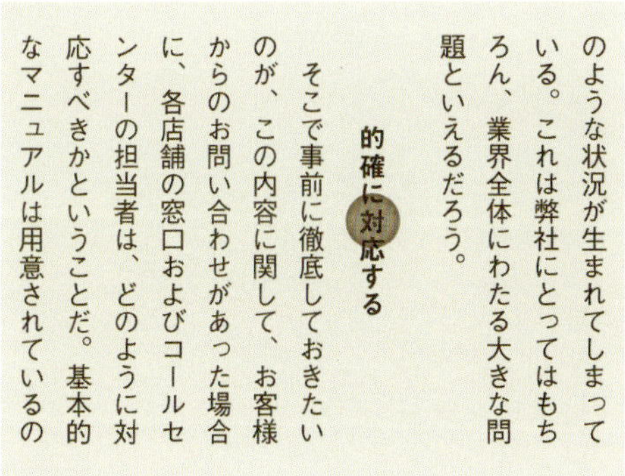

的確に対応する

なマニュアルは用意されているのが、この内容に関して、お客様からのお問い合わせがあった場合に、各店舗の窓口およびコールセンターの担当者は、どのように対応すべきかということだ。基本的そこで事前に徹底しておきたいのような状況が生まれてしまっている。これは弊社にとってはもちろん、業界全体にわたる大きな問題といえるだろう。

在标题文字后添加图形背景，可以使标题格外醒目。除图形背景之外，也可以采用图片。

对标题进行文字装饰

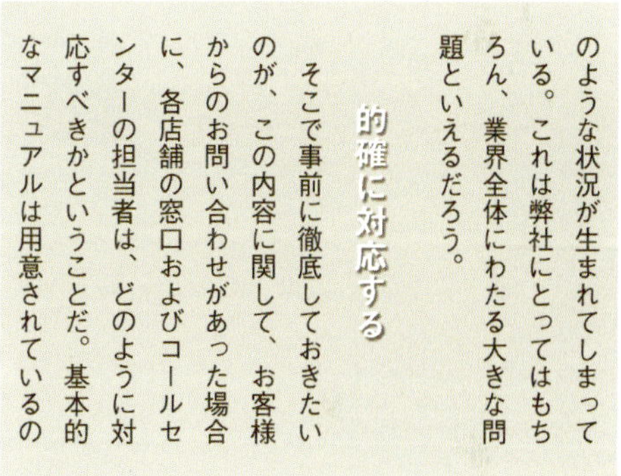

的確に対応する

なマニュアルは用意されているのが、この内容に関して、お客様からのお問い合わせがあった場合に、各店舗の窓口およびコールセンターの担当者は、どのように対応すべきかということだ。基本的そこで事前に徹底しておきたいのような状況が生まれてしまっている。これは弊社にとってはもちろん、業界全体にわたる大きな問題といえるだろう。

很多时候，标题文字也可以进行修饰，如采用边框文字、添加阴影等等。但是，应该确保不影响标题的清晰、美观。

只对标题的第一个文字进行修饰

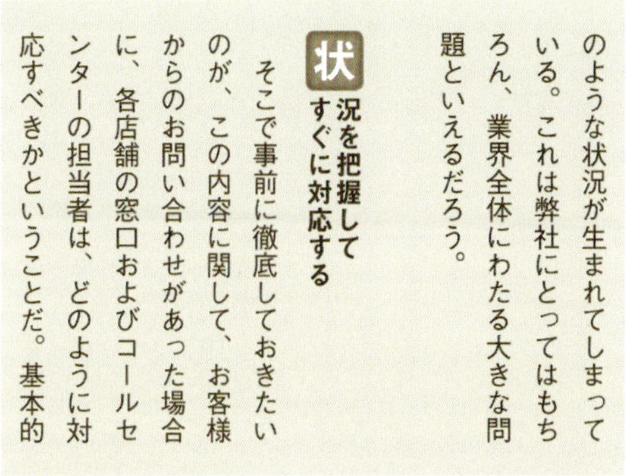

状況を把握してすぐに対応する

なマニュアルは用意されているのが、この内容に関して、お客様からのお問い合わせがあった場合に、各店舗の窓口およびコールセンターの担当者は、どのように対応すべきかということだ。基本的そこで事前に徹底しておきたいのような状況が生まれてしまっている。これは弊社にとってはもちろん、業界全体にわたる大きな問題といえるだろう。

采用与正文开头文字（参照第84页）同样的处理方法。标题文字不止一行时，根据其宽度，添加图案或顺序号码，能够起到同样的效果。

将标题倾斜设置

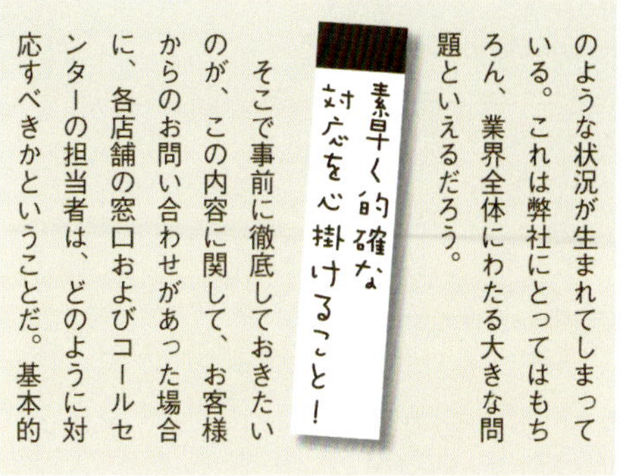

素早く的確な対応を心掛けること！

なマニュアルは用意されているのが、この内容に関して、お客様からのお問い合わせがあった場合に、各店舗の窓口およびコールセンターの担当者は、どのように対応すべきかということだ。基本的そこで事前に徹底しておきたいのような状況が生まれてしまっている。これは弊社にとってはもちろん、業界全体にわたる大きな問題といえるだろう。

使标题与正文在垂直・水平方向上有所倾斜，体现差别，增加版面的动感。

在正文的开头文字上做文章

文章段落开头处的第一个字，
即开头文字。
下面将介绍几种能够强调开头文字，
并可以很流畅地引导读者视线的方法。

第一个字横跨 2 列

❗

銀行の業務には、さまざまなサービスがあります。お客様の大切な資産をお預かりし、適切な資金の運用をお行う。それも、もちろん基本的な業務のうちです。しかしながら、最も大切なことは、お客様に対して、安心を提供することではないかと、私は考えています。信頼される銀行を目指すために心掛けたいことは、まず何より窓口での対応です。窓口は、私たち銀行とお客様をつなぐ架け橋の役割を果たしています。

即所谓的"Drop Capital"技法。只将这个开头文字用与正文文字不同的字体表现，对其突出、强调。

第一个字横跨 3 列以上

❗

銀行の業務には、さまざまなサービスがあります。お客様の大切な資産をお預かりし、適切な資金の運用を行う。それも、もちろん基本的な業務のうちです。しかしながら、最も大切なことは、お客様に対して、安心を提供することではないかと、私は考えています。信頼される銀行を目指すために心掛けたいことは、まず何より窓口での対応です。窓口は、私たち銀行とお客様をつなぐ架け橋の役割を

在确保行间距的同时，应注意避免因第一个字尺寸过大而影响其下边文字的可识别性。

在较大的预留空间中设置一个小字

❗

銀行の業務には、さまざまなサービスがあります。お客様の大切な資産をお預かりし、適切な資金の運用を行う。それも、もちろん基本的な業務のうちです。しかしながら、最も大切なことは、お客様に対して、安心を提供することではないかと、私は考えています。信頼される銀行を目指すために心掛けたいことは、まず何より窓口での対応です。窓口は、私たち銀行とお客様をつなぐ架け橋の役割を

将文字字号加大是"Drop Capital"技法的基本原则，但是也可以在较大的预留空间中设置一个并不是非常大的字，体现很特别的效果。

通过粗细和颜色的不同强调开头文字

❗

銀行の業務には、さまざまなサービスがあります。お客様の大切な資産をお預かりし、適切な資金の運用を行う。それも、もちろん基本的な業務のうちです。しかしながら、最も大切なことは、お客様に対して、安心を提供することではないかと、私は考えています。信頼される銀行を目指すために心掛けたいことは、まず何より窓口での対応です。窓口は、私たち銀行とお客様をつなぐ架け橋の役割を果たしています。

开头文字与正文文字字体相同，通过加粗和颜色的不同强调开头文字。

通过细字体强调开头文字

❗

銀行の業務には、さまざまなサービスがあります。お客様の大切な資産をお預かりし、適切な資金の運用を行う。それも、もちろん基本的な業務のうちです。しかしながら、最も大切なことは、お客様に対して、安心を提供することではないかと、私は考えています。信頼される銀行を目指すために心掛けたいことは、まず何より窓口での対応です。窓口は、私たち銀行とお客様をつなぐ架け橋の役割を果たしています。

一般来讲，粗字体可以使文字更加醒目，但是细字体也可以起到强调的作用，而且看起来更加简约。

通过下划线·装饰线强调开头文字

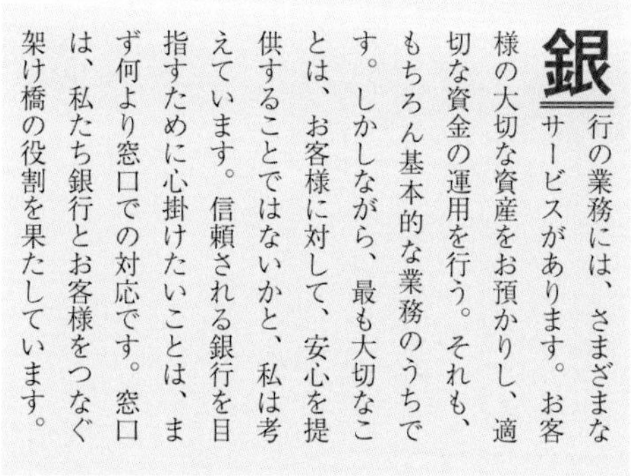

銀行の業務には、さまざまなサービスがあります。お客様の大切な資産をお預かりし、適切な資金の運用を行う。もちろん基本的な業務のうちです。それも、お客様に対して、最も大切なことではないかと、私は考えています。信頼される銀行を目指すために心掛けたいことは、まず何より窓口での対応です。窓口は、私たち銀行とお客様をつなぐ架け橋の役割を果たしています。

如上图所示，为开头文字添加下划线。另外，添加装饰线、着重号也可以起到强调开头文字的作用。

用圆圈圈起开头文字

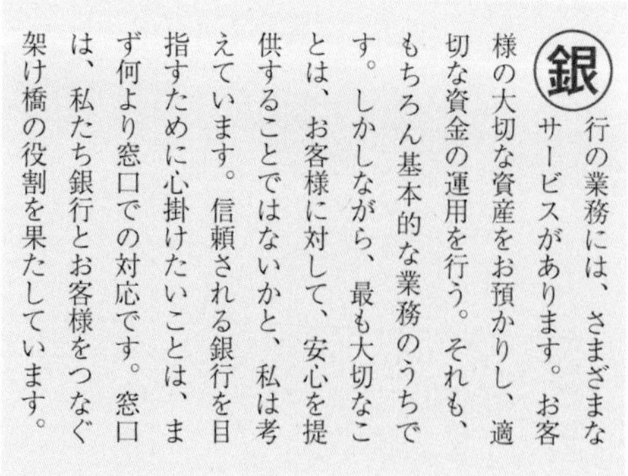

銀行の業務には、さまざまなサービスがあります。お客様の大切な資産をお預かりし、適切な資金の運用を行う。もちろん基本的な業務のうちです。それも、お客様に対して、最も大切なことではないかと、私は考えています。信頼される銀行を目指すために心掛けたいことは、まず何より窓口での対応です。窓口は、私たち銀行とお客様をつなぐ架け橋の役割を果たしています。

如上图所示，用圆圈将开头文字圈起。也可以将圆圈填色，将开头文字设计成反白状。

用正方形框起开头文字

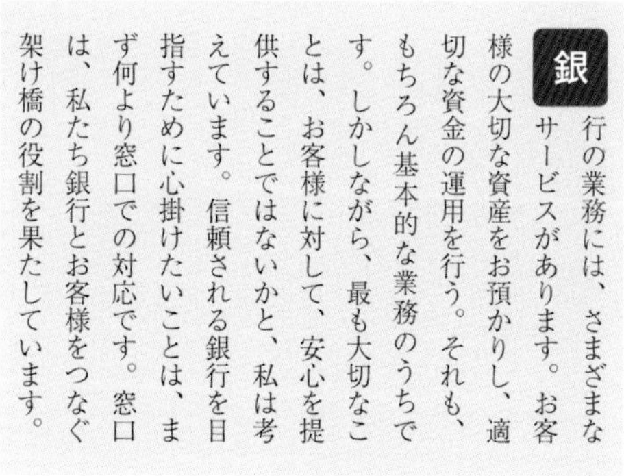

銀行の業務には、さまざまなサービスがあります。お客様の大切な資産をお預かりし、適切な資金の運用を行う。もちろん基本的な業務のうちです。それも、お客様に対して、最も大切なことではないかと、私は考えています。信頼される銀行を目指すために心掛けたいことは、まず何より窓口での対応です。窓口は、私たち銀行とお客様をつなぐ架け橋の役割を果たしています。

用正方形框起反白的开头文字，凸显、强调开头文字。

只对开头文字进行文字装饰

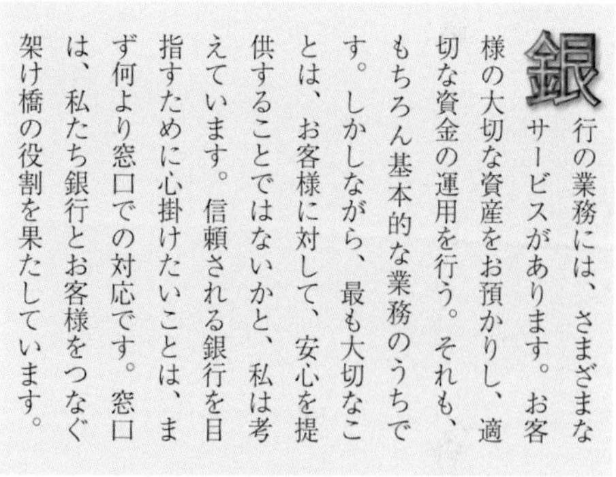

銀行の業務には、さまざまなサービスがあります。お客様の大切な資産をお預かりし、適切な資金の運用を行う。もちろん基本的な業務のうちです。それも、お客様に対して、最も大切なことではないかと、私は考えています。信頼される銀行を目指すために心掛けたいことは、まず何より窓口での対応です。窓口は、私たち銀行とお客様をつなぐ架け橋の役割を果たしています。

将开头文字装饰成标志字体。但是，应注意避免由于对开头文字的过度修饰，而给人开头文字与正文相脱离的印象。

讲开头文字与对话框结合

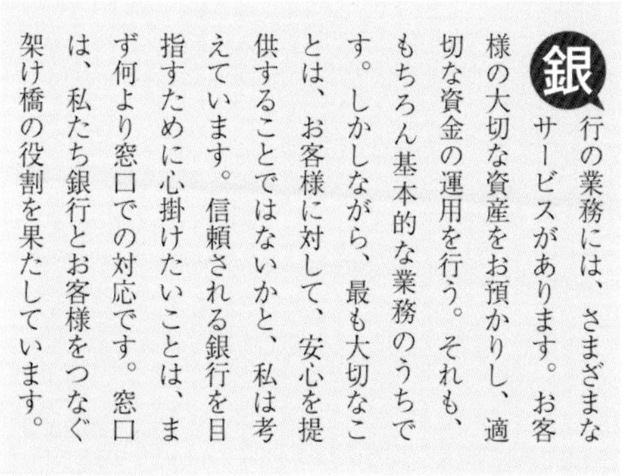

銀行の業務には、さまざまなサービスがあります。お客様の大切な資産をお預かりし、適切な資金の運用を行う。もちろん基本的な業務のうちです。それも、お客様に対して、最も大切なことではないかと、私は考えています。信頼される銀行を目指すために心掛けたいことは、まず何より窓口での対応です。窓口は、私たち銀行とお客様をつなぐ架け橋の役割を果たしています。

使用对话框，可以引导、连接开头文字与正文文字。当然，也在一定程度上对开头文字起到了强调作用。

为开头文字添加爆炸状图形背景

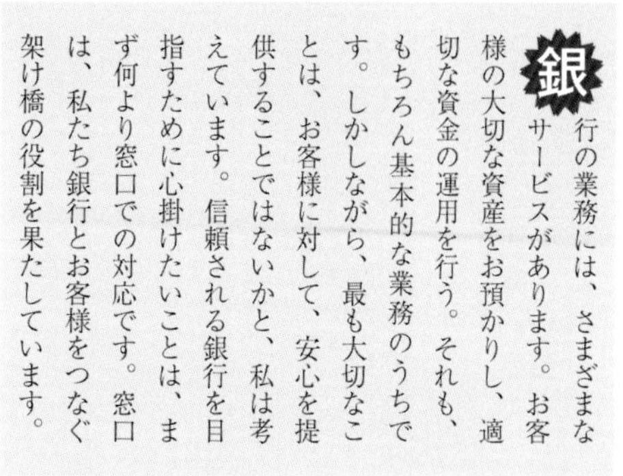

銀行の業務には、さまざまなサービスがあります。お客様の大切な資産をお預かりし、適切な資金の運用を行う。もちろん基本的な業務のうちです。それも、お客様に対して、最も大切なことではないかと、私は考えています。信頼される銀行を目指すために心掛けたいことは、まず何より窓口での対応です。窓口は、私たち銀行とお客様をつなぐ架け橋の役割を果たしています。

为凸显某一要素时，为其添加爆炸状图形背景是十分简单、有效的方法。用于突出、强调开头文字也不例外。

无需事先准备

利用身边的素材

必须进行手绘作业

必须拍照·扫描

比较花费时间和精力

将开头文字与照片、插图结合

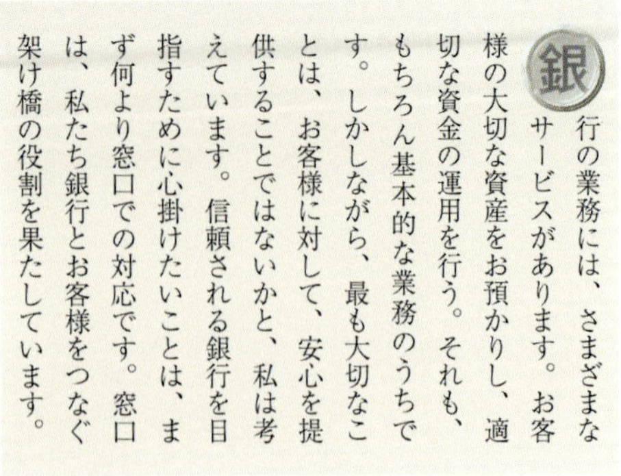

銀

行の業務には、さまざまなサービスがあります。お客様の大切な資産をお預かりし、適切な資金の運用を行う。それも、もちろん基本的な業務のうちです。しかしながら、最も大切なことは、お客様に対して、安心を提供することではないかと、私は考えています。信頼される銀行を目指すために心掛けたいことは、まず何より窓口での対応です。窓口は、私たち銀行とお客様をつなぐ架け橋の役割を果たしています。

可将象征内容的插图、照片与开头文字结合。需要注意的是，文字后铺设的插图、照片不能影响文字的可识别性。

将开头文字以外的文字框起

銀

行の業務には、さまざまなサービスがあります。お客様の大切な資産をお預かりし、適切な資金の運用を行う。それも、もちろん基本的な業務のうちです。しかしながら、最も大切なことは、お客様に対して、安心を提供することではないかと、私は考えています。信頼される銀行を目指すために心掛けたいことは、まず何より窓口での対応です。窓口は、私たち銀行とお客様をつなぐ架け橋の役割を果たしています。

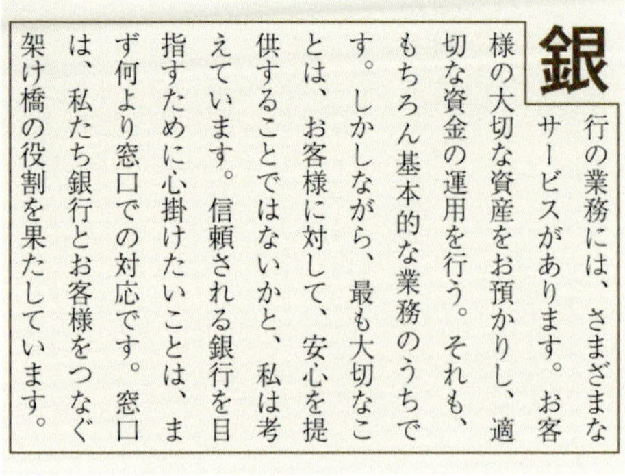

一般情况下，往往是将开头文字框起来。但是，反其道而行之，将开头文字以外的文字框起，也可以体现差别化效果。上图就是将这种方法与 "Drop Capital" 技法相结合。

使用 "Raised Capital" 技法

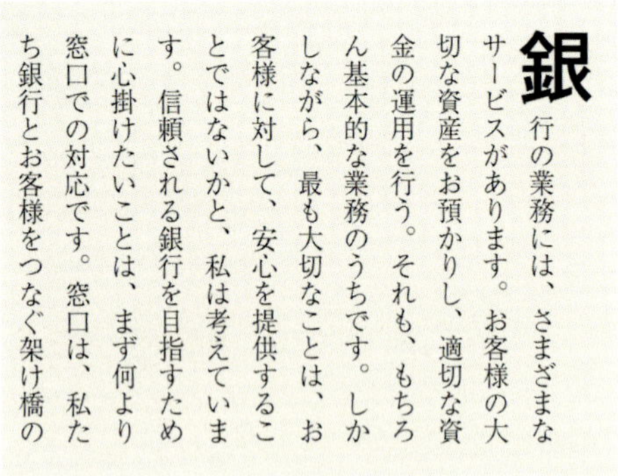

銀

行の業務には、さまざまなサービスがあります。お客様の大切な資産をお預かりし、適切な資金の運用を行う。それも、もちろん基本的な業務のうちです。しかしながら、最も大切なことは、お客様に対して、安心を提供することではないかと、私は考えています。信頼される銀行を目指すために心掛けたいことは、まず何より窓口での対応です。窓口は、私たち銀行とお客様をつなぐ架け橋の役割を果たしていま

加大开头文字字号的同时，将文字的右侧部分突出于正文。横排版时，应突出开头文字的上端。

使用 "Hanging Capital" 技法

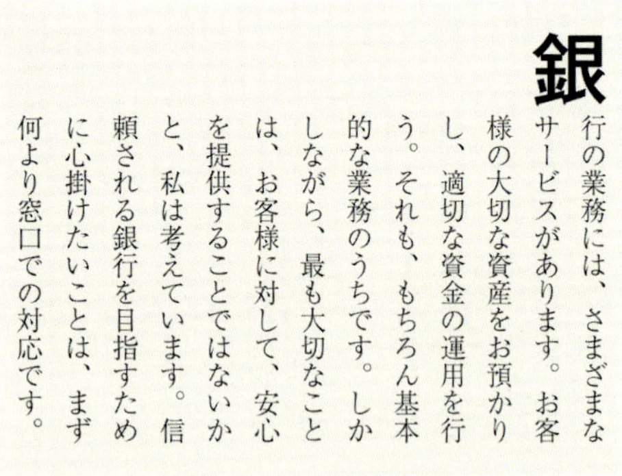

銀

行の業務には、さまざまなサービスがあります。お客様の大切な資産をお預かりし、適切な資金の運用を行う。それも、もちろん基本的な業務のうちです。しかしながら、最も大切なことは、お客様に対して、安心を提供することではないかと、私は考えています。信頼される銀行を目指すために心掛けたいことは、まず何より窓口での対応です。

大号的开头文字与正文文字完全分离。从第二个字开始，每一行文字都可以很整齐地排列。

加大以词为单位的开头文字的字号

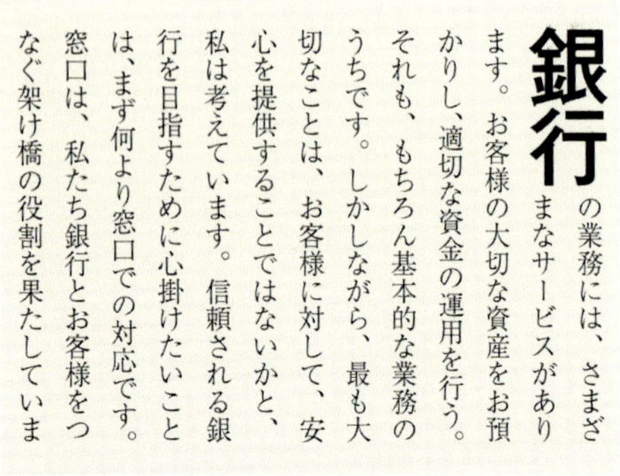

銀行

の業務には、さまざまなサービスがあります。お客様の大切な資産をお預かりし、適切な資金の運用を行う。それも、もちろん基本的な業務のうちです。しかしながら、最も大切なことは、お客様に対して、安心を提供することではないかと、私は考えています。信頼される銀行を目指すために心掛けたいことは、まず何より窓口での対応です。窓口は、私たち銀行とお客様をつなぐ架け橋の役割を果たしていま

与 "Drop Capital" 技法相似，但放大的不是开头的第一个文字，而是开头的第一个词。版面中其他部位也进行同样处理时，需要注意其整合效果。

加大以行为单位的开头文字的字号

銀行の業務

には、さまざまなサービスがあります。お客様の大切な資産をお預かりし、適切な資金の運用を行う。それも、もちろん基本的な業務のうちです。しかしながら、最も大切なことは、お客様に対して、安心を提供することではないかと、私は考えています。信頼される銀行とお客様をつ

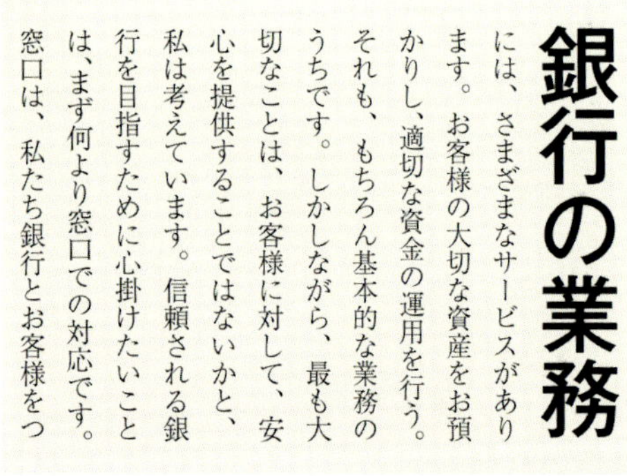

将文章开头的第一行文字放大。但是，日文时需要注意其断句的合理性。

添加引导视线的装饰线

銀行の業務には、さまざまなサービスがあります。お客様の大切な資産をお預かりし、適切な資金の運用を行う。それも、もちろん基本的な業務のうちです。しかし、最も大切なことは、お客様に対して、安心を提供することではないかと、私は考えています。信頼される銀行を目指すために心掛けたいことは、まず何より窓口での対応です。窓口は、私たち銀行とお客様をつなぐ架け橋の役割を果たしています。

强调开头文字的意义在于"引导视线"。当无法确保放大文字的空间时，仅仅一条装饰线也可以起到"引导视线"的作用。

为开头文字添加指示图形

銀行の業務には、さまざまなサービスがあります。お客様の大切な資産をお預かりし、適切な資金の運用を行う。それも、もちろん基本的な業務のうちです。しかし、最も大切なことは、お客様に対して、安心を提供することではないかと、私は考えています。信頼される銀行を目指すために心掛けたいことは、まず何より窓口での対応です。窓口は、私たち銀行とお客様をつなぐ架け橋の役割を果たしています。

无法放大开头文字时，可以在开头位置添加箭头、三角形等指示标记。如上图所示，添加手指符号的案例也很多。

在开头第一个字的位置添加指示符号

銀行の業務には、さまざまなサービスがあります。お客様の大切な資産をお預かりし、適切な資金の運用を行う。それも、もちろん基本的な業務のうちです。しかし、最も大切なことは、お客様に対して、安心を提供することではないかと、私は考えています。信頼される銀行を目指すために心掛けたいことは、まず何より窓口での対応です。窓口は、私たち銀行とお客様をつなぐ架け橋の役割を果たしています。

添加感叹号等指示符号，明示开头文字的位置，可以与"Drop Capital"技法搭配使用。

字号不变，框起开头文字

銀行の業務には、さまざまなサービスがあります。お客様の大切な資産をお預かりし、適切な資金の運用を行う。それも、もちろん基本的な業務のうちです。しかし、最も大切なことは、お客様に対して、安心を提供することではないかと、私は考えています。信頼される銀行を目指すために心掛けたいことは、まず何より窓口での対応です。窓口は、私たち銀行とお客様をつなぐ架け橋の役割を果たしています。

开头文字字号不变，圈框或反白设计都是可行方案。当装饰空间不够时，可以采用图例中所示的方法，在小空间内实现文字的装饰效果。

段落的开头文字空出两个字格

銀行の業務には、さまざまなサービスがあります。お客様の大切な資産をお預かりし、適切な資金の運用を行う。それも、もちろん基本的な業務のうちです。しかし、最も大切なことは、お客様に対して、安心を提供することではないかと、私は考えています。信頼される銀行を目指すために心掛けたいことは、まず何より窓口での対応です。窓口は、私たち銀行とお客様をつなぐ架け橋の役割を果たして

通常日文段落的开头文字向下空出一个字格，也可以空出两个字格。但需注意，不要让读者误认为是引用内容。

通过记号笔强调开头的几个字

銀行の業務には、さまざまなサービスがあります。お客様の大切な資産をお預かりし、適切な資金の運用を行う。それも、もちろん基本的な業務のうちです。しかし、最も大切なことは、お客様に対して、安心を提供することではないかと、私は考えています。信頼される銀行を目指すために心掛けたいことは、まず何より窓口での対応です。窓口は、私たち銀行とお客様をつなぐ架け橋の役割を果たしています。

通过荧光笔之类的记号笔使开头几个字更加醒目，强调开头文字。同样可以用这种方法凸显、强调正文中的文字内容。

无需事先准备　利用身边的素材　必须进行手绘作业　必须拍照·扫描　比较花费时间和精力

在页眉·页脚上做文章

由较多页面构成的印刷品，
往往需要在页眉·页脚上做文章。
页眉、页脚设计的种类、样式不一，
各具特色。

编排在天头 / 外侧

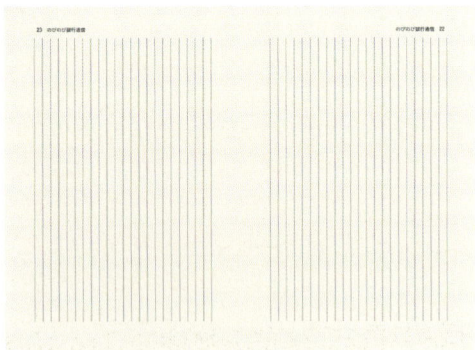

经常在单行本、文库本等书籍版面设计中运用这种布局。与编排在地脚相比，效果更加突出。

编排在地脚 / 内侧

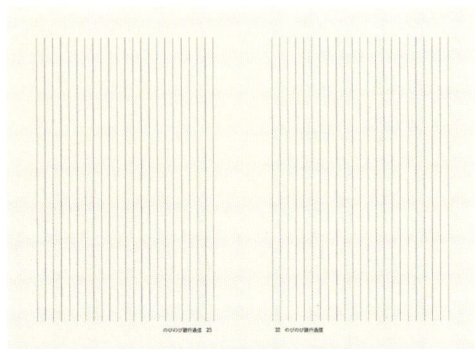

一般来讲，文字、页码都编排在外侧，但也可以编排在内侧，给人一种精心修饰过的印象。当然，应注意中间装订线处的空白量。

编排在地脚 / 外侧

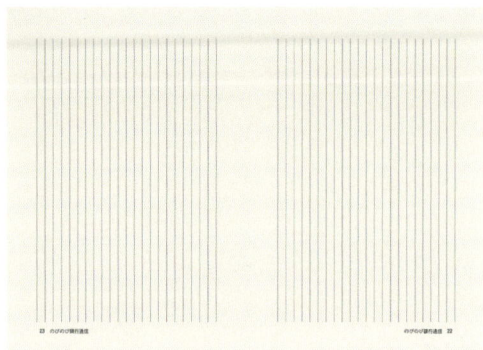

这是杂志、宣传手册等印刷品中常见的布局设计。一般来讲，页码数字插在地脚文字的外侧。

编排在切口中央

在版面的两侧编排文字和页码。为了不使正文空间受到压缩，应把握整体的均衡效果。

编排在地脚 / 中央

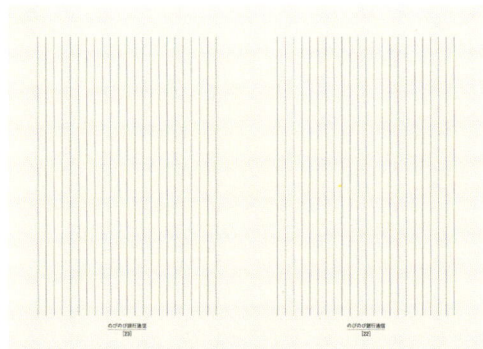

在版面的地脚中央编排文字和页码。不仅限于对页版面，单页版面也可以使用这种方法。

文字和页码分离

如上图所示，在天头编排文字，在地脚编排页码数字。除此之外，通过不同的搭配组合，可以实现各种变化。

编排在版面边角

有一种方法无需考虑与正文的距离，即，将文字和页码数字编排在版面边角。前提是正确把握印刷的范围。

添加装饰线，与正文明确区分开

添加装饰线也可以体现页眉页脚文字与正文的差别。需强调其独立存在性时，也可以使用这种方法。

铺设底色，与正文明确区分开

与添加装饰线的作用相同，铺设底色可体现页眉页脚文字与正文的差别。也可以为正文着色，以增强版面的华丽感。

左右页面编排不同的页眉页脚文字

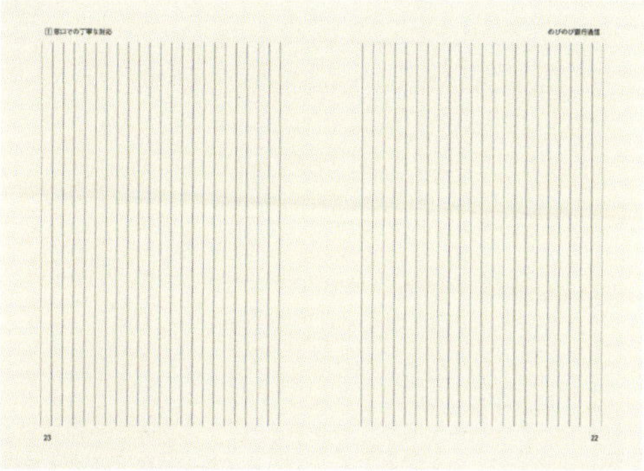

可将媒体名称、标题、章节标题、小标题等搭配组合。一般将小标题编插在偶数页面中。

只在一页中编排页眉页脚文字

在对页版面的杂志中，有时只在一页中编排页眉页脚文字。此时，一般省略奇数页上的文字，而保留偶数页上的文字。

无需事先准备

利用身边的素材

必须进行手绘作业

必须拍照·扫描

比较花费时间和精力

通过字间距调节页眉页脚文字

23　のびのび銀行通信

如上图所示, 8 个字占据了 10 个字的空间, 字间距均等一致。

通过英文字母·罗马字表示页眉页脚文字

23　**Nobi-Nobi Bank Report**

通过英文字母·罗马字表示页眉页脚文字, 是突出装饰效果的一种方法。此时的页眉页脚文字经常是杂志名称或商标等。

对页版面中的页码数字

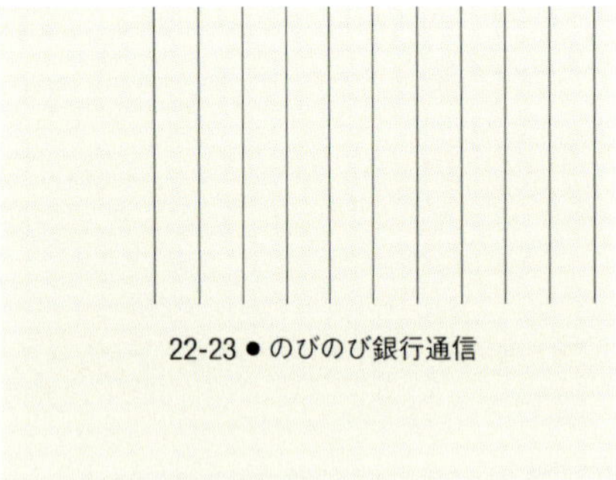

22-23 ● のびのび銀行通信

这是由较多页面构成的媒体经常采用的标记方式。当在所有版面都标注页码数字显得比较繁杂, 或者版面文字内容过多时, 可以采用这种方法。

页码数字的数位与总页码的数位一致

023 ● のびのび銀行通信

例如, 当媒体的总页数是 3 位数时, 在不到三位数的页码数字前加一个或两个 "0", 统一页码数位。

通过罗马数字表示页码数字

XXIII ● のびのび銀行通信

根据媒体内容, 可以灵活选择页码数字的表示种类。例如, 卷首插图和正文可以分别选择不同的数字表示方法。

用圆形或方框将页码数字圈框起来

23　のびのび銀行通信

孤零零的数字显得比较单调时, 可以用圆形或方框将页码数字圈框起来, 很轻松地实现变化效果。也可以将页眉页脚文字圈框起来。

用括号括起页码或页眉页脚文字

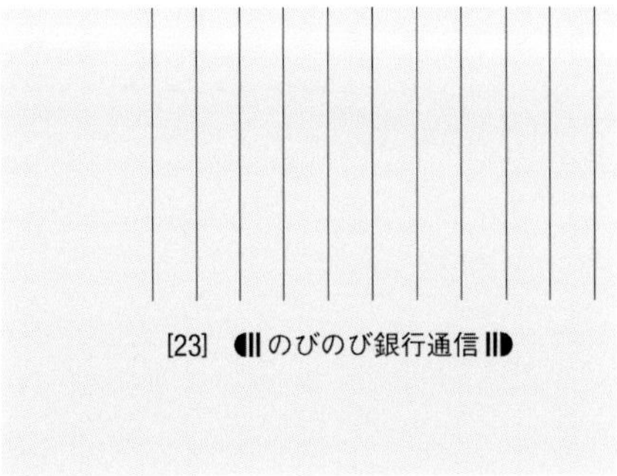
[23] のびのび銀行通信

可以用括号括起数字和文字，增加局部的变化效果。经常见到的是用括号括起页码数字。

搭配装饰线

23 のびのび銀行通信

页眉页脚文字与页码数字之间的装饰线起到分隔的作用。除上图所示之外，搭配装饰线的方式还有很多。

通过图形分隔页眉页脚文字与页码数字

23 のびのび銀行通信

利用图形或简单的插图分隔页眉页脚文字与页码数字。添加圆形小版照片也是一种不错的选择。

大胆加大页码数字

23
のびのび銀行通信

一反常规，将页码数字加大，突出强调。杂志版面中的图片要素过少时，采用这种方法可以中和版面冷清的印象。

裁切页眉页脚文字与页码数字

-23-
NOBI-NOBI BANK REPORT

这种方法源于将页眉页脚文字与页码数字看作是装饰性要素的构思。需要注意的是，应保证裁切不会影响读者对文字内容的理解。

将页眉页脚文字与页码数字嵌入正文中

23
NOBI-NOBI
BANK REPORT

如上图所示，将页眉页脚文字、页码数字嵌入正文文字中。实际上，也可以将文字的浓度调低，使页眉页脚文字、页码数字与正文文字重叠。应注意保证文字的可识别性。

在标签、索引上做文章

面对由多页构成的印刷品，如果读者在看到每一页时能够了解其所属的章节、范畴，将会十分方便。因此，页面中的标签、索引就显得十分重要。

在切口部位出血设置

辞典版式中经常采用这种设计方法。从切口部位可以直接看到自己要找的内容所在的页码位置。

在页面下方出血设置

在页面地脚设置标签、索引，这种方式并不多见。与切口位置的效果不同。

在天头部位出血设置

与左侧图例的效果相同，对页版面空间充实。应注意不能影响正文的内容。

在版面边角处出血设置

如上图所示，标签位于天头的边角和地脚的边角。位置固定，并着色加以区分（参照第 94 页）。

标签突出于版面

剪切加工、粘贴贴签是必须完成的工作，可以增加装饰效果。但由于标签易折断，所以不适用于需要长期保存的印刷品。

在标签上标注章节序号

在标签、索引上标注章节序号数字，是基本方案之一。章节过多时，可以采用这种方法。

章节序号和标题同时出现

如上图所示，在正方形中编排章节序号和标题。应注意确保版面的整洁和均衡。

设计"文件夹标签"型的标签

将钜形的角处理成圆角，具有"文件夹标签"风格，体现索引的功能。操作简单，应用广泛。

利用装饰线区分各章节名

为使标签更加整齐、分明，可以使用装饰线。版面风格简约，使读者可以对章节设置畴一目了然。

不做出血处理的标签、索引

不做出血处理的标签、索引，操作起来更加简单易行，可用于手册。

通过色带表现索引功能

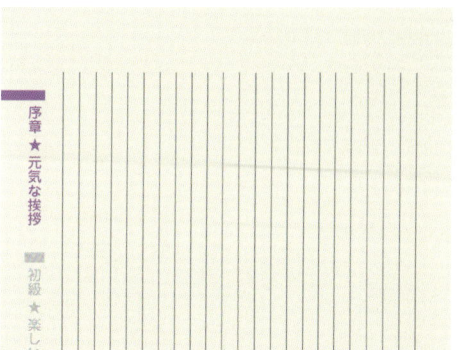

由色带、颜色体现检索功能。索引文字较长时，可以采用这种方法。

无需事先准备

利用身边的素材

必须进行手绘作业

必须拍照·扫描

比较花费时间和精力

只设置当前页的标签，并变化标签颜色

标签的颜色不同，更便于阅读检索。所有页面标签的位置一致，整齐明了。

只设置当前页的标签，并变化标签的位置

与左侧图例相反，所有页面标签的颜色一致，但位置不同，体现别。字典中经常采用这种设计方法。

通过标签颜色和位置的不同加以区别

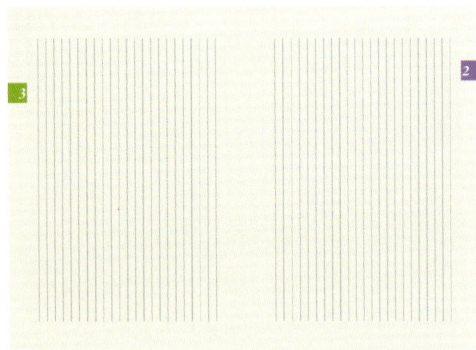

结合了以上两种设计方法。不同的颜色和位置使检索更加便捷。

记录章节序号，添加符号加以区分

用圆圈圈起当前页面所属的章节序号，提示内容所处位置。上图也可以结合出血和颜色的不同，体现变化效果。

记录章节序号，通过色彩浓淡加以区分

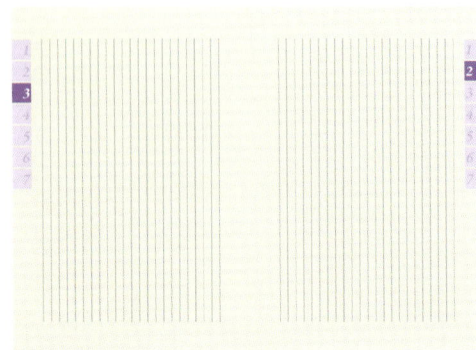

标签中当前项目部分颜色较浓，其他部分颜色较淡。能够区别章节序号，体现差异是十分关键的。

记录章节序号，通过不同色彩加以区分

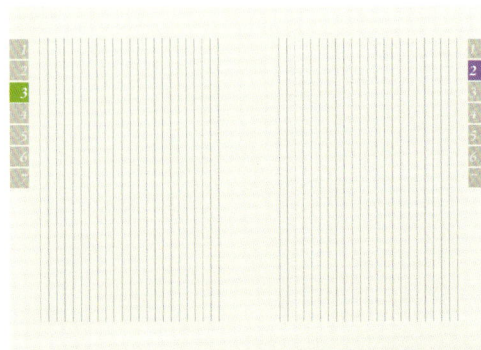

在页面标签中罗列章节序号时，通过不同色彩来加以区分是行之有效的方法。非当前页所属章节的序号选择彩度较低的颜色，可保证不同色彩之间的平衡。

切口部位和地脚分别记录不同的内容

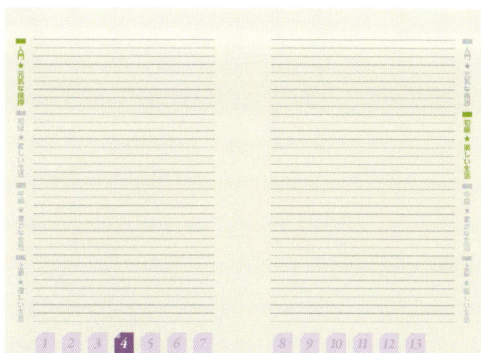

这是记录多个项目时可以采用的设计布局类型。一章节内容中又存在许多小章节时，经常采用这种方法。

天头和地脚分别记录不同的内容

与左侧案例类似，结合了两种以上的分类布局方法。版面上端的色带提示了所属的章节。

左右页的标签记录不同的内容

对页版面的印刷品中经常采用这种方法。一般来说，偶数页标注章节序号，奇数页标注小节名。

页面两侧记录不同的分类

如上图所示，页面上方的数字代表章节序号，下边的文字代表小分类。与左侧图例相比，位置发生变化，可以结合出血、拼接等处理方法。

小分类夹在大分类之间

章节较少时，这种方法意在避免大范围的空白空间。上图中的标签文字是竖排版，根据余边的空白量也可以进行横排版。

标签均匀设置在对页版面的两侧

如上图所示，1~3 在左，4~6 在右。应注意，如果每章的页数很少，各个标签之间的间距过小的话，就会影响其检索功能。

第3章

照片

如何利用质量不高的照片表现画面

设计前准备素材时，
经常会为照片的画质不高而苦恼。
下面介绍一些关于如何利用画质和
色彩效果不佳的照片进行设计的技巧。

在允许的范围内放大照片 !

在放大解析度不高的照片时，准确把握其允许的范围是十分重要的。应注意，其允许放大的范围是根据印刷品媒体的性质而定的。

将照片处理为半透明状态 !

将照片处理为半透明状，作为背景铺设在版面中。前提是照片的画面中没有特别要展现给读者的要素。

特意强调照片存在解析度不高的问题 !

将照片因解析度不高所带来的马赛克效果夸张地展现出来。使用这种方法时，需要综合考虑杂志的内容和结构。

将整体进行柔化处理 !

希望展现照片的粗线条效果时，可以将整体进行柔化处理。这种方法无法展现照片的局部细节。

减轻柔化程度，强调轮廓线条 !

解析度不高的问题，在一定程度上是可以通过电脑加工处理来解决的。强调物体轮廓，可以减轻由解析度不高所带来的模糊感。

故意创造褪色效果

色调不准、难以修饰的照片，可以对其进行褪色处理，使版面效果与怀旧风格的内容相匹配。

添加色彩的渐变效果

希望改变整体氛围时，可以采用这种方法。添加渐变效果的同时，要保留照片的局部原色。

选择特定曝光效果的照片

选用特定曝光效果的照片，形成与众不同的效果。可以适当添加波纹效果。

将照片进行黑白处理

只通过黑白双色表现照片，色调问题很容易解决。这种照片具有印象派效果，但不能表现局部细节。

为黑白照片的黑色部分着色

为黑白照片的黑色部分着色，表现出精心雕琢的海报效果。这种照片同样不适用于表现局部细节。

为黑白照片的白色部分着色

与左侧图例相反，为黑白照片的白色部分着色，表现相似的效果。

并置相同的照片

这是利用解析度不高的照片构成版面的基本方法。不放大照片尺寸，将同一张照片复制后并排摆放。

在复制后的照片中添加变化

对复制后的每一张照片在色彩上做不同的处理。即使色彩变化幅度很小，效果也十分明显。

大量复制、罗列相同的照片

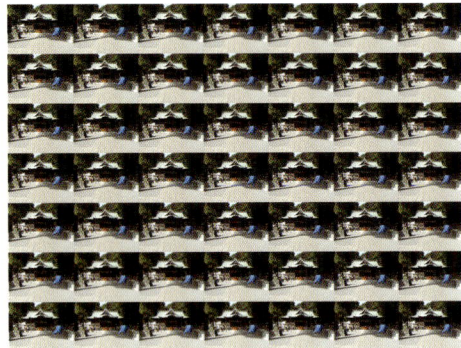

将照片尺寸缩小，大量复制罗列。罗列大量相似的照片，也可以达到类似的效果。

以一定的角度罗列照片

单纯在垂直·水平方向上排列照片略显单调时，可以改变摆放的角度，体现变化和动感。

聚焦于众多照片中的一张

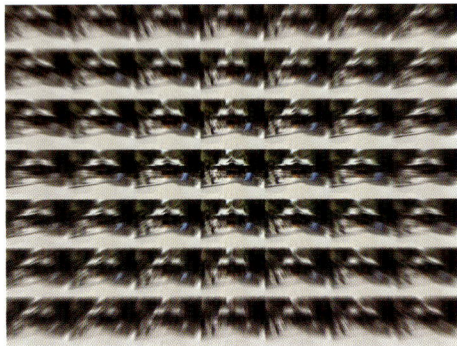

将镜头聚焦于众多照片中的一张。无论是版面只有一张大照片，还是由众多小照片构成，都可以通过这种方法来吸引读者的注意力。

复制照片并放大剪切后的照片局部

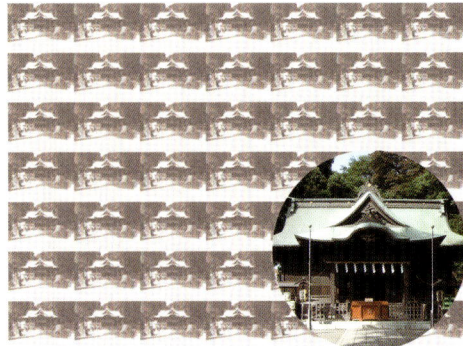

将照片的某个局部剪切、放大，重点突出，具有图解效果。版面的其他部位则平铺复制后的小版照片。

打印并扫描照片

数码照片经过打印、扫描之后，其画质粗糙的问题会有所减弱，整体效果也会有所不同。可以添加一些叠纹图案，使画面别有一番情趣。

表现照片被折叠过的效果

不掩饰照片画质差的问题，并将照片画质差、画面粗糙的问题大胆地表现出来。上图是将折叠后的照片扫描打印出来后的效果。

表现照片被撕裂过的效果

这也是强调照片粗糙效果的一种设计类型。不用撕裂原照片，只需在扫描打印后的复件上处理加工即可。

表现照片被烧焦过的效果

这同样是强调照片粗糙效果的一种设计类型，制造褪色、陈旧的老照片效果。

表现照片被水浸泡过的效果

将扫描打印后的照片复件浸泡在水中，取出风干，表现粗糙的效果。经水浸泡、风干后所产生的特殊褶皱会形成有趣的照片效果。

在照片中添加阴影

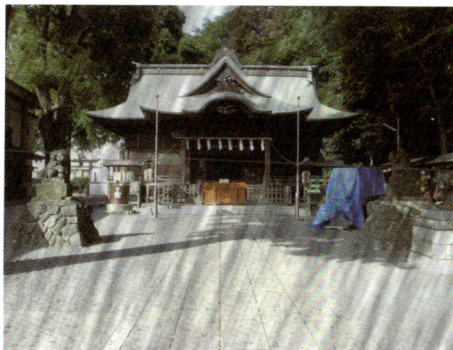

如上图所示，在照片中添加随意的阴影。不整齐的阴影强调了画面的粗糙。

无需事先准备

利用身边的素材

必须进行手绘作业

必须拍照·扫描

比较花费时间和精力

在照片中添加颗粒、波纹，强调粗糙效果

在表现画面的粗糙效果时，在照片画面中添加颗粒、波纹，可以形成很独特的效果。也可以在画面上撕裂局部边角。

降低照片的色彩亮度

将照片的色彩亮度降低至照片中景物若隐若现的程度。如此一来，就可以掩盖画面局部的粗糙，同时可以对局部色彩的浓度进行调整。

提高照片的色彩亮度

如上图所示，以渐变的效果提高色彩亮度。作为一种自然消除照片中非重点部分的手段，和降低色彩亮度的作用是一致的。

在照片中重叠带颜色的透明图形

这种方法可以掩盖色调不和谐的部位，演绎海报风格。利用彩色透明胶带，可以实现重复作业。

将标题与照片重叠

将读者的视线转移到文字上，回避了照片的粗糙问题。可以特意将粗糙的局部放在文字的背后，起到隐藏、遮丑的作用。

将照片配置在文字中

利用一定的图形覆盖照片，即所谓的"mask"技法。在上图中，改变了文字与照片重叠部分之外的颜色。

用方格分割照片

将一张照片分割成若干张。这种方法可以进一步发展，如在画面中取消一些方格，或隐藏一些不重要的部位。

通过色带分割照片

除了利用正方形方格之外，还可以利用长方形的色带分割照片。隐藏局部的粗糙画面，同时还可以增强随意、动感的效果。

增加照片的对比度

在意象照片中，可以大胆表现对比效果。如上图所示，通过极端的色彩亮度、浓度等处理，隐藏画质粗糙的局部。

改变色调，创造新的视觉效果

任意选择一种新的色调，对画面视觉效果进行再构筑。只要是不追求准确再现照片中的景物，就可以采用这种方法。

将照片加工成油画的效果

对照片进行加工，画面最终呈现出油画的效果。当采用何种方法都无法对照片进行修正时，可以采用这种方法。

表现照片中景物的轮廓

除了左侧图例所示的方案，也可以表现照片中景物的大体线条轮廓。这种方法不适用于需要展现局部细节的设计。

无需事先准备

利用身边的素材

必须进行手绘作业

必须拍照·扫描

比较花费时间和精力

103

当单纯摆放照片，画面索然无趣时

为充分展现照片的魅力，
其编排、摆放方式尤其重要。
下面介绍一些这方面的技巧，
使画面显得更加精彩。

将照片嵌入圆形框内

❗

将矩形照片嵌入圆形框内时，虽然可视内容有所减少，但给人以柔和的印象。

将照片嵌入圆角的矩形框内

❗

与将照片嵌入圆形框相比，保证了画面的可视范围。圆角的矩形框给人更加柔和、自然的印象。

将照片嵌入特色图形框内

❗

将照片嵌入三角形、星形等特殊形状的图形框内，更加凸显、强调了所希望展现的内容，同时营造出令人愉快的氛围。

将照片以极端竖长的形式展现

❗

在表现需要强调纵深感的建筑物、街道等景物时，可以采用这种方法。同时，这种纤细的形状给人女性化的视觉感受。

将照片以极端横长的形式展现

❗

这是横向全景照片的表现形式。除照片之外，希望展现版面整体的宽幅效果时，也可以采用这种方法。

多张照片全部以一种形式展现

照片尺寸、边框形状全部相同，表明多张照片具有同样的意义。因此，也表示照片中的景物属于同一景点。

表现多张照片之间的张弛效果

与左侧图例相反，体现照片尺寸之间的明显差异。一般来讲，大号照片更加醒目，重要程度更高。

多张照片的无缝拼接

取消照片之间的空白间隔。通过这种拼接的方法，可以确保多张照片之间的联系更加紧密。

大量照片以系列的形式展现

大量照片组合搭配，以系列的形式展示给读者。对每张照片添加说明时，可以对其进行编号。

将系列照片排列构成独特的形状

一组照片一般全部以矩形的方式排列，可以组合成独特的形状，以体现版面与众不同的变化效果。

将照片按照一定的图形形状排列

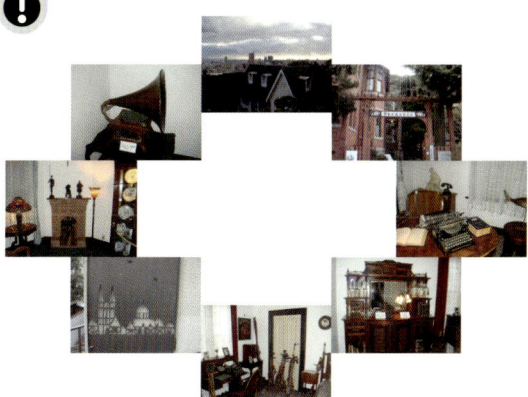

沿着圆形、星形等特殊的形状排列照片，打破了横纵排列的单调，乏味。

无需事先准备

利用身边的素材

必须进行手绘作业

必须拍照·扫描

比较花费时间和精力

沿着照片中被摄物体的形状进行裁剪

裁剪照片,可以增强画面的动感、变化。被摄物体的形状越奇特,裁剪照片的效果越有特色。

在裁剪后的照片外侧添加边框

通常,在裁剪后照片的外侧添加边框的案例并不多见。但是,如上图所示,在裁剪后照片的外围添加一圈边框,可以起到强调的作用。

将照片裁剪成带有粗糙毛边的效果

不按照片中被摄物体的形状整齐裁剪,而是特意裁剪成带有粗糙毛边的效果。时尚杂志的版面中经常采用这种方法。

在带有粗糙毛边的照片外围添加虚线

将在裁剪后照片的外围添加虚线的方法与左侧图例中的方法结合,形成独特、别有情趣的效果。

为裁剪后的照片添加阴影

单纯摆放裁剪后的照片有时会令人产生不自然的感觉,添加阴影后会显得更加真实。当然,也可以利用原照片的阴影。

保留照片的白色背景

利用白色背景拍摄的照片,可以保留白色背景,甚至还可以为背景淡淡地着一点颜色。

为照片添加彩色边框

为照片选择彩色边框，可以起到强调照片、使其具有差别化效果的作用。如上图所示，添加了手绘的彩色边框，画面更加生动。

照片四周添加烧灼效果的暗色

图例展现的是经过软件加工处理后的照片效果。将真实的照片复件适度烧灼后，也可以具有独特的效果。

将照片四周进行模糊化处理

这也是通过软件加工处理后形成的效果。圆形边角与模糊的轮廓大大增强了柔和的效果。

通过渐变展现照片色彩的过渡效果

这种方法属于渐变隐蔽技法，给人照片沿着某个方向消失或渐现的印象。

沿着手绘痕迹裁剪照片

以独特的形状裁剪照片，给人手绘草稿图的印象。

从黑色背景中窥视照片局部

体现利用望远镜等工具窥视时的效果，使读者的视线集中于照片中的被摄主体。

无需事先准备
利用身边的素材
必须进行手绘作业
必须拍照·扫描
比较花费时间和精力

为照片添加边框

为数码相机拍摄的画面四周添加白色边框，再在白色边框的外围添加一圈彩色的边框，形成非常独特的效果。

为拍立得照片添加边框

与左侧图例相同，但白边空间更大。可以在空白处添加文字说明。

为照片添加胶片边框

将边框设计为胶片的形状，连续展现多张照片时也可以采用这种方法。

模仿电影屏幕的边框

上下添加黑色边线，表现电影屏幕的效果。如上图所示，宽屏幕可以与文字说明搭配使用。

将照片装裱后拍摄

装裱修饰法一般用于绘画作品，修饰照片时也一样可以使用，尤其是在突出其"作品"印象时。

添加立体的金·银框

画框不易准备时，为照片添加金·银等色彩的边框，也可以具有非常与众不同的效果。立体设计时，效果更加明显。

用插图装饰代替边框

希望体现照片外围华丽、鲜艳的效果时，可以用插图代替边框。另外，运用装饰性贴签也可以获得十分精彩的视觉效果。

立体化展现照片

如上图所示，照片如同一枚纽扣形徽标。与超广角镜头的变形效果相结合，形成更加独特的效果。

利用大头针固定照片

利用大头针固定照片。可以通过实物拍摄，也可以利用电脑加工处理。

利用曲别针固定照片

表现曲别针夹住照片时的状态。可以通过实物拍摄，与利用大头针相比，不用担心会戳破照片。

利用玻璃纸胶带固定照片

希望展现草图效果时，可以利用玻璃纸胶带固定照片后拍摄。另外，可以通过电脑软件处理再现这种效果。

利用晾衣夹固定照片

利用晾衣夹将照片固定在绳子上拍摄。可以利用这种形式并排展示大量照片。

无需事先准备

利用身边的素材

必须进行手绘作业

必须拍照·扫描

比较花费时间和精力

通过窗子插图表现照片

通过窗子插图表现照片。处理技术上存在一定难度，可以先拍摄实际的窗子，再进行电脑合成，这样没有插图也可以表现。

将照片印在 T 恤衫上

利用软件加工合成。但是，不要使 T 恤衫成为画面中的主角，以免喧宾夺主。

在液晶屏画面中嵌入照片

将数码相机的液晶屏、手机屏幕等画面与照片合成。也可以利用电视或电脑屏幕等画面。

模拟相机取景器的效果

营造当前正处于"拍摄中"的氛围。可以轻而易举地将最希望展现的某个局部凸显出来。

模拟执照、护照的效果

图例以执照为主题展现版面，适用于需载入数据的人物介绍、商品介绍等印刷品。

模拟纸牌效果

在百人一首等纸牌游戏的氛围中展现照片。大量照片和主题文字结合时，可以采用这种方法。

模拟明信片的效果

表现印有照片的明信片风格。寄信、收信人的空格部分可以记录各种文字信息。

模拟日记的效果

图例以暑假作业为主题展现版面。同样，可以随意进行照片与文字信息的搭配组合。

模拟手册·相册的效果

将白边照片与手册、相册的形式搭配，并进行拍摄。这种方法在纯文字版面布局中 (参照第 42 页) 也可以使用。

模拟昆虫采集标本的效果

将蝴蝶等昆虫的采集标本作为版面主题，表现照片。可以在大量照片的下方添加数据和文字说明。

以幻灯片的形式编排照片

以常用的幻灯片形式展现照片。要针对一张照片强调说明时，可以采用这种方法。

在大量照片中重点强调一张

在大量杂乱摆放的照片之中，重点强调一张照片。画面的平衡性固然重要，但在强调主题照片时，可以损失一定的画面平衡。

通过照片展现印象化的视觉效果

照片是书籍、报道的必要元素，
在处理加工上有很多窍门。
使用时往往并非出于说明的意图，
而是突出印象化视觉效果的目的。

使用黑白照片

即使是彩色印刷，也可以实现黑白照片的效果。抑制色彩，体现稳重、协调的效果。

使用双色照片

通常一般采用 4 色构成照片，而上图则是由双色构成。同黑白照片类似，都可以通过彩色印刷实现。

使用不包含特定颜色的三色照片

上图中的照片是不包含黑色的三色照片。为避免画面过于黯淡，往往采用 CMY 三色照片。

大胆改变色彩

这种方法只适用于不希望准确表现景物色彩的设计。选择现实中不可能出现的色彩搭配，更能产生独特的视觉效果。

反转照片色调

这种方法也只限于不强调照片色彩的意象表现，给人以深刻的印象。

使照片呈现单色效果

📷

这种方法并不是指照片一定是黑白效果。任意一种单一的色彩都可以营造和谐、稳重的氛围。

将照片的色调定位于深褐色

📷

这是使照片呈现单色效果的一种具体应用，容易使人回忆起遥远的过去，营造怀旧氛围。

为照片添加滤镜效果

📷

可以在拍摄时添加镜头滤镜，也可以在后期软件处理时使用"滤镜"功能。创作类似的素材作业时，也可以利用玻璃纸再现这种效果。

暗化被摄主体的四周景物

📷

降低主体周围的明度，强调被摄主体。可以在拍摄时调节设定，也可以通过后期软件进行处理。

夸张地强调对比效果

📷

一般的照片不会体现闪光灯效果，不会突出阴影。相反，意象表现时则可以追求这种强烈的对比效果。

降低照片的色彩浓度和对比度

📷

这种方法可以体现画面淡雅、柔和的特点。与深褐色照片效果相同，都具有怀旧的风格。

113

在照片中添加颗粒状噪点

在数码相机拍摄的照片中添加噪点，表现略带粗糙效果的画面。

添加粗糙的花纹，演绎沙画风格

添加黑色波纹，使画面给人以黯淡的印象。添加各种波纹是处理低画质照片时的一种方法（参照第 98 页）。

添加显视器画面中出现的扫描线

看起来仿佛是电视节目中的一个画面，体现现代感。

使照片与特定背景重叠

照片与版面的整体风格不搭调时，可以考虑采用这种方法。不光重叠图形，重叠装饰性花押字也会有很精彩的效果。

通过电脑加工在照片中添加高光

如上图所示，画面右上方的高光是通过电脑软件加工合成的。可以是电脑合成的高光，也可以在实际拍摄时加以表现。

使照片具有广告画的效果

将照片设计成广告画的效果。有很多类似的变化方法，可以弥补版面插图不足的问题（参照第 156 页）。

提高重点部位的色彩浓度

只对照片局部做调整，提高重点部位的色彩浓度。也有将照片整体进行黑白处理，只对重点部位着色的案例。

营造失焦的效果

可以营造柔和的氛围。拍摄照片时如果不方便进行设定，可以利用相关软件进行后期处理。

在照片中添加具有晃动效果的线条

带有晃动效果的照片往往可以表现一种气魄和力度。除了使用低速快门拍摄外，还可以利用相关软件进行后期处理。

使照片具有一定的倾斜度

拍摄意象照片时可以采用超广角镜头。通过相关软件进行后期处理，可以实现很多自由度更高的倾斜效果。

体现画面整体的晃动效果

体现画面整体晃动的效果。当然，通过印刷过程实现是不可能的，只能通过画面的后期处理实现这一效果。

加强版面中的网点

报纸等印刷品中经常会使用强调"网点"的设计方法。这种效果同样不能通过印刷过程实现，只能通过画面的后期处理实现。

无需事先准备

利用身边的素材

必须进行手绘作业

必须拍照·扫描

比较花费时间和精力

如何解除
关于照片的
各种限制

当准备好的照片存在各种问题或限制时，为了达到最佳的表现效果，必须突破这些限制。下面针对具体案例介绍一些解决方法，以供参考。

保持难以剪切的照片主体的不规则形状

❗

轮廓复杂的照片主体很难准确裁剪。其实，完全可以保持其粗糙的不规则形状。

将难以剪切的照片主体与其他照片重叠

❗

主体的轮廓复杂，难以剪切。如上图所示，可以将矩形照片与裁剪后的照片主体重叠。

难以剪切的照片主体与其他元素重叠

❗

和左侧图例相同，将照片主体与其他要素重叠，遮掩裁剪的痕迹。应掌握隐藏的程度，注意表现自然的效果。

将难以剪切的照片主体编排在版面的角落

❗

利用版面的角落，隐藏裁剪的痕迹。专栏的框线也可以起到隐藏的作用。

对难以剪切的照片主体进行模糊化处理

❗

对难以剪切的主体进行模糊化处理，遮掩剪切的痕迹。尽量避免不自然的效果，保证与整体版面的色调平衡是十分关键的。

将主体以外的部分进行黑白处理

将一张照片中主体以外的部分进行黑白处理，隐藏杂乱的背景。需要强调的部分可提高色彩明度，起到凸显、强调的作用。

将主体以外的部分进行马赛克处理

将左侧图例中的黑白部分改为马赛克。但是，应注意马赛克部分有可能会更加吸引读者的视线。

将多余的部分裁剪掉

这是照片处理中最基本的方法之一。将照片中不需要的部分裁剪掉，构图和长宽比例会相应发生变化，所以明确照片的表现意义是非常关键的。

裁剪边角，形成特殊形状

如上图所示，为了隐藏右上角的局部，将四个边角一同裁剪掉，使画面整体具有独特的效果。

将主体以外的部分隐藏起来

准确而清晰地剪切照片是最有效的方法。但是，应根据照片的特点进行操作，避免由于生硬地剪裁而造成突兀的画面效果。

将多余的部分通过色带遮盖

这是不需裁剪照片的处理方法。图例中虽然使用着色的透明色带，但是与不透明的照片背景色重叠，便可以将其完全遮盖起来。

无需事先准备　利用身边的素材　必须进行手绘作业　必须拍照·扫描　比较花费时间和精力

通过圈框图形调整长宽比

照片的长宽比例不协调，且无法通过裁剪调整时，可以采用这种方法。利用圆形等不同形状的圈框，表现新的长宽比例。

通过拼接的装饰图案调整长宽比

在照片周围添加新的装饰性元素。竖长的照片在左右添加装饰性花纹后，整体效果更加柔和。

添加黑色背景调整长宽比

在调整长宽比的同时，演绎出电影屏幕的视觉效果。也可以将黑色背景换成胶片框（参照第 104 页）。

添加装饰性文字调整长宽比

通过在照片周围添加装饰性文字，调整长宽比例。除上图所示方法之外，可以添加一列文字，起到微调的效果。

通过标题、说明文字的位置调整长宽比

通过照片周围的标题、说明文字的位置调整长宽比例。具体来说，可以通过调节文字的大小、行数确定文字在画面中所占的空间比例。

把加工以后的照片摆在一起调整长宽比例

此方法在图片要素较少、版面较空的情况下都很有用（参照第 36 页）。虽然图例中只并置了两张照片，并置更多照片也可以。

在色彩较重的部位设置反白文字

需要在照片内添加文字，但又找不到合适的位置时，可以采用这种方法。即使是在色彩较重的部位，只要将文字设计成反白效果，就可以保证文字的可视性。

在编排文字的局部进行剪切处理

文字的颜色确定之后，可以考虑在编排文字的局部进行剪切处理。但是，摄影师应该事先了解图片的使用需求。

选择竖构图的照片作为横开本杂志的版面

将版面与照片的方向颠倒，同时要考虑页码数字的位置。

对方向不同的照片进行大胆的裁剪

竖长的照片经过裁剪，可以构成横长的版面效果。但需要考虑照片的清晰度。

将照片剪切后重新组合搭配

将照片剪切后的各要素重新组合搭配。这种处理方法同样要考虑照片的清晰度。

将方向不同的照片在版面范围内倾斜摆放

在横开本中倾斜放置竖幅照片，可以在单调的版面中体现变化效果。

如何更好地展现近景实物照片

在以商品目录手册和广告宣传单为代表的印刷品中，会出现大量的商品近景实物照片。下面介绍一些能够更好地展现近景实物照片的技巧。

通过圆形窗口放大实物

将商品的照片裁剪成圆形，给人以柔和的印象。但要注意保证实物整体的可视性。

通过爆炸状窗口放大实物

虽然除矩形照片之外的表现形式多种多样，但是在处理近景实物照片时，最常用的还是爆炸状窗口，具有较强的推荐作用。

为照片添加起强调作用外围边框

单纯使用矩形照片在表现力上有所欠缺时，可以在其外围添加一圈彩色边框。广告宣传单中常用这种设计方法。

为照片添加背景和白色边框

为照片添加彩色的背景和白色边框。广告宣传单中常用这种设计方法。

照片中主体的局部突出于外围边框

照片内被摄主体的一部分突出于外围边框，增强了版面的动感和变化效果。广告宣传单中常用这种设计方法。

将多张照片以并列的形式摆放

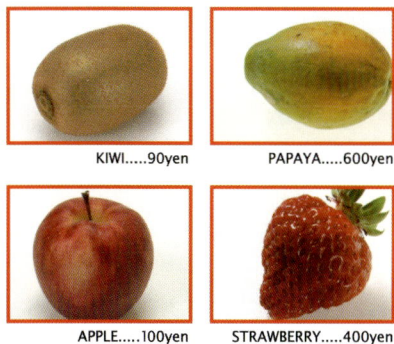

KIWI.....90yen　　PAPAYA.....600yen

APPLE.....100yen　　STRAWBERRY.....400yen

所展示的商品同等重要，不需要体现差别。简单的并排排列，给人整齐、有序的印象。

将主体商品的照片放大

PAPAYA 600yen

APPLE 100yen

STRAWBERRY 400yen　　KIWI 90yen

需要体现商品重要性不同时，首先要尝试的就是在照片尺寸上进行差别化处理。将主体商品的照片放大，可吸引读者的注意力。

对全部照片进行剪切处理

KIWI.....90yen　　STRAWBERRY.....400yen

APPLE.....100yen　　PAPAYA.....600yen

商品的形状各不相同。利用剪切照片的方法，充分展示各种商品的独特形状，增强版面轻松、愉快的氛围。

剪切照片与矩形照片混合搭配

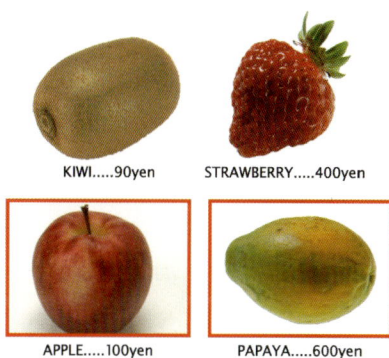

KIWI.....90yen　　STRAWBERRY.....400yen

APPLE.....100yen　　PAPAYA.....600yen

为避免给人单调的印象，可以混合搭配不同类型的照片，突出版面的变化效果。

只对主体照片进行剪切处理

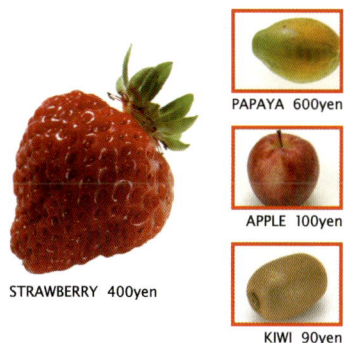

PAPAYA 600yen

APPLE 100yen

STRAWBERRY 400yen

KIWI 90yen

版面基本上由矩形照片构成，只对强烈推荐的主体商品进行剪切处理，以提高关注度，突出表现该商品的形状。

只有主体商品采用矩形照片

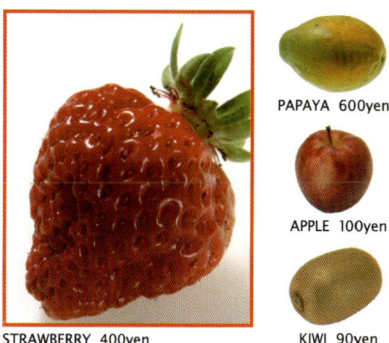

PAPAYA 600yen

APPLE 100yen

STRAWBERRY 400yen　　KIWI 90yen

处理方法与左侧图例刚好相反，却起到相同的效果。

121

充分利用一张照片展示多件商品

ORANGE.....100yen KIWI.....90yen GRAPEFRUIT.....200yen

展示商品时，不能总是保证每件单品能够单独占据一个版面。可以充分利用广角镜头，将多件商品同时纳入一个画面。

利用一张照片展示多个相同的商品

LEMON

unit.....120yen
dozed.....600yen

在一张照片中出现多件相同的商品，属于单品照片中给人印象最深刻的一种布局方法。

近景特写与全景照片搭配

GRAPEFRUIT.....200yen

近景特写一般用于强调商品的某种特性，可与强调整体效果的全景照片搭配。商品广告中经常采用这种搭配方法。

将以同一角度拍摄的照片并排摆放

GREEN APPLE.....150yen   APPLE.....100yen

并排放置两张照片，其拍摄角度完全相同，完美地体现版面统一、整齐的效果。

将多张照片以相同的倾斜角度摆放

GREEN APPLE.....150yen

APPLE.....100yen

商品摆放带有一定的倾斜性，体现动感、变化，使版面给人统一、整齐、华丽的印象。

说明文字的颜色与照片中商品的颜色一致

GREEN APPLE.....150yen   APPLE.....100yen

照片中的商品与关键词、说明文字的颜色一致，使版面具有统一、整齐、华丽的效果。

文字沿被摄主体的轮廓编排

文字沿被摄主体的轮廓编排，突出商品的形状，体现生动、可爱、有趣的效果。

将照片边框与解说文字一体化

使照片边框与解说文字一体化，如同为商品添加标签一般。该方法可以强调二者结合的紧密性，特别适用于展示商品价格。

为广告草图添加说明文字

这种方案在广告宣传单中并不多见，却频繁见于杂志等印刷品中。在版面中，商品图像与文字信息分离。

在照片边框内添加爆炸状窗口

可以说是广告宣传单的必备方案。在凸显商品名、价格等信息的同时，营造华丽的视觉冲击效果。

突出商品颜色的双色调照片

这种方法适用于力图最大限度再现商品色泽而不打算采用4色印刷的印刷品。关键在于能够在多大程度上贴近、还原日常商品的颜色。

注重再现度的双色调照片

照片中多种颜色混合在一起。选择双色时，需要选择互补色等再现性较高的组合。

第4章

图形

使用 不寻常的 段落分割线

在印刷品版面中,
经常会出现区分不同段落的分割线。
但是,
单纯的黑色直线总是显得索然无味……

使用着色的点线

❗

改变点线中圆点的颜色,轻松演绎华丽的风格。另外,将不同大小的圆点组合搭配,也能体现非常有趣、可爱的效果。

使用着色的脉冲线

❗

平行排列等间隔的短斜线,可以构成脉冲线。与点线相同,改变相邻线段的颜色和尺寸,可形成更富于变化的效果。

使用着色的菱形线

❗

平行排列无间隔的菱形图案,构成这种菱形线。有时可以将两根菱形线并列摆放。

将色彩和角度不同的直线重叠

❗

在直线的基础上添加一些变化,再将其重叠,线条的效果马上为之一变。但需注意避免线条之间的角度差过大。

将细线与粗线组合搭配

❗

这也是利用直线就可以完成的简单设计。粗细分割线之间的空白间隔可有可无。

将多条直线随意变形后重叠

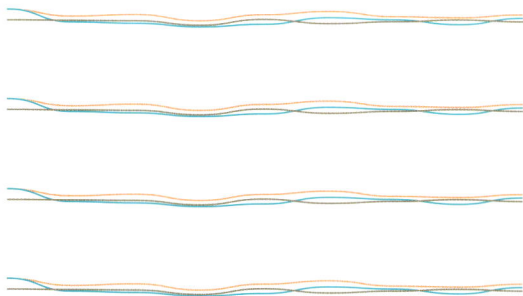

通过手绘，将多条直线变形、重叠。这种方法的技巧是在手绘时，以一条直线作为基准。

将碎花纹连成一条直线

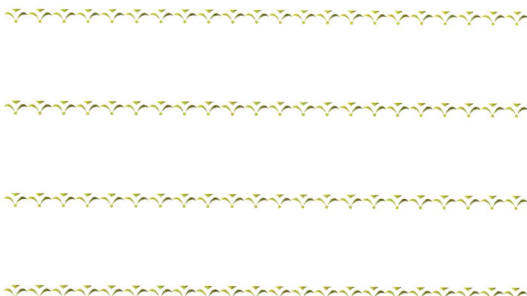

复制碎花纹，并排放置并连成一条直线。保证碎花纹的两端高度相同。

使用嵌有反白文字的色带

分割线中添加了文字要素。反复出现的文字可以是广告关键词，或是与版面相关的某些单词。

使用带有渐变效果的色带

色彩逐渐变化，在色带中体现渐变效果。并非一定要呈现变化较大的渐变，仅通过同一色彩的浓淡不同也可表现。

将小图案等间距排列成直线

将星形、正方形等图案等间距排列，构成一条直线。如果间隔过大，会失去直线的视觉效果，所以应注意调整间距。

将小图案随机并置

将大小不同的图案大量、随机并置，连成一条线，营造热闹、愉快的氛围。

将花的插图等间距并置

❗

花作为标记是最容易操作的插图之一。即使对手绘没有自信也没有关系，因为还有很多其他的简单方法（参照第 156 页）。

规则排列几何图形

❗

通过将三角形、矩形等简单的几何图形组合，可以构成一条分割线。如上图所示，分割线完全由三角形构成。

由轨道插图构成的分割线

❗

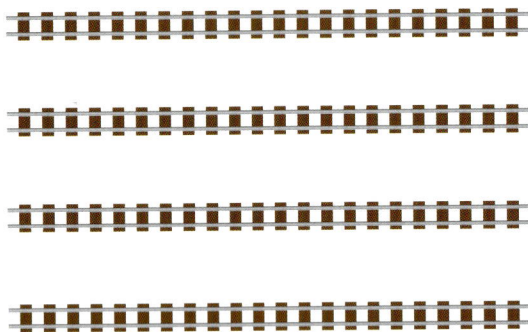

由轨道插图构成的分割线也是经常出现的。除了利用轨道插图之外，还可以简单地由长线与短垂直线组合构成。

由斑马线插图构成的分割线

❗

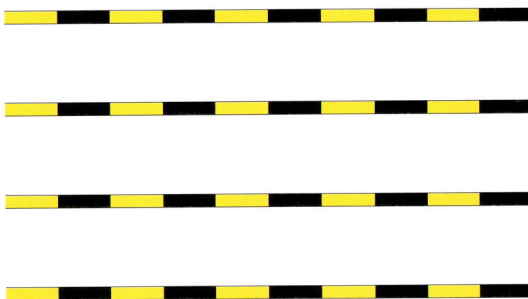

由黑色和黄色构成的斑马线能够自然地引起读者的注意。作为分割线，十分醒目。

由万国旗插图构成的分割线

❗

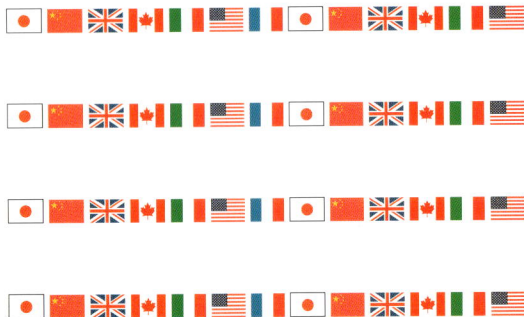

将运动会等场合经常见到的万国旗串连成直线。登载有国际性内容的版面可以灵活运用这种分割线。

由五线谱、音符插图构成的分割线

❗

营造轻松、愉快的氛围。将背景五线谱省掉，由音符也可以构成一条分割线。

在虚线两端添加插图

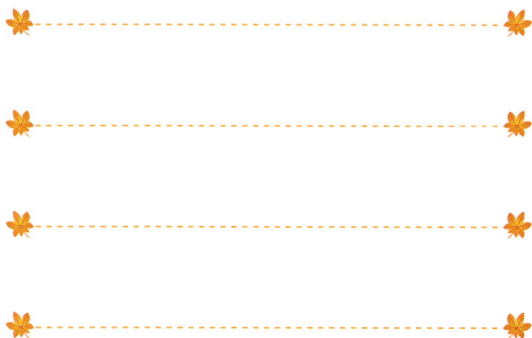

🚫

🍁 - 🍁

🍁 - 🍁

🍁 - 🍁

🍁 - 🍁

在简约的虚线两端添加插图，表现海报风格。插图可以用照片代替。

使用毛笔画线

在简约的虚线两端添加插图，表现海报风格。插图可以用照片代替。

上图属于用毛笔手绘的图例。通过展现局部模糊不清的污点，可以使读者感受到笔锋的力度。

使用荧光笔画线

荧光笔是勾画线条的常用工具。其勾画出的线条本身可以作为分割线，也可以用于强调其他画面要素。

使用铅笔反复描画线条

使用铅笔可以使画面具有朴素的氛围。反复描画，构成分割线，这种方法可以变化引申出其他很多方案。

使用蜡笔画线

使用蜡笔勾画线条，体现与众不同的效果。使用口红也可以达到与之相似的效果。

由五颜六色的糖果并排构成分割线

由五颜六色的小点心、果冻、糖豆等构成的线条，给人可爱、愉快的印象。

🚫 无需事先准备

⚙ 利用身边的素材

✏ 必须进行手绘作业

📷 必须拍照·扫描

🕐 比较花费时间和精力

连接植物的藤蔓构成分割线

美术装饰性作图难以实现时，可以考虑将植物的藤蔓连接成分割线，表现自然生长的感觉。

利用刺绣等的针脚构成分割线

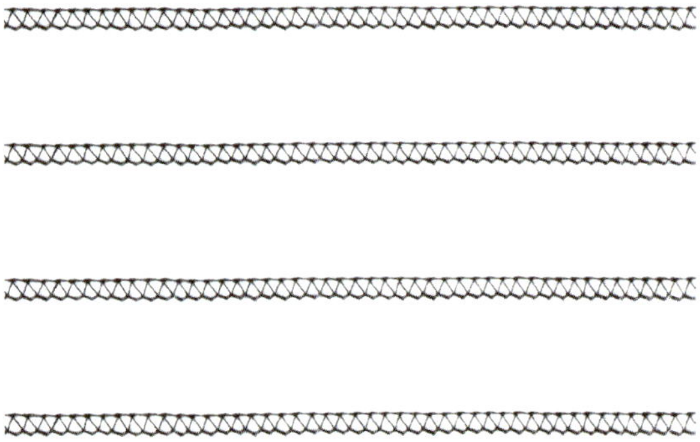

利用针脚构成的线条。不同的针脚可以体现不同的效果，所以应事先掌握各种针脚的效果。

等间距并置纽扣

纽扣是可以在很多版面设计中派上用场的工具。如可以代替点线中的圆点，构成分割线。

堆垒砖块、积木构成分割线

上图展示的是由砖块构成的分割线。除此之外，也可以利用玩具积木构成分割线。

利用拉链构成分割线

衣服的拉链可以直接拿来参与构图。当拉开一段时，形成两股分支，具有独特的用法。

利用弯折的金属丝构成分割线

金属丝的特性是可以轻易地弯转曲折。作为不规则的线条，可以用于外围边框等各种情况。

利用金属链条构成分割线

金属链条构成的锁状物给人冰冷、坚硬的感觉。由于形状和材质不同，可以衍生出各种变体。

等间距并置发卡构成分割线

演绎华丽、可爱的风格。可以换成照片，体现立体感。

利用蕾丝花边构成分割线

蕾丝花边等复杂的装饰图案可以用来代替分割线。平时可以多收集不同种类的装饰图案。

利用日式和服的带子构成分割线

希望展现日式风格时，可以利用日式和服的带子构成分割线。具有独特色调的和服带子有很多，信手拈来就可以表现日式和风。

利用玩具五连环构成分割线

利用塑料材质的五连环构成分割线。与金属材质的五连环相比，更能体现轻巧、流行的感觉。

并置玩具弹球构成分割线

将各种颜色、花纹的弹球并置，构成分割线，演绎日式和风。

131

利用带图案的绳子构成分割线

利用胶皮绳或线绳，可以任意摆出直线的形状。日常应收集一些带各种图案及花纹的绳子。

将多条橡胶绳拧成一股构成分割线

将多条橡胶绳拧成一股，构成分割线。上图中将两条橡胶绳拧成一股。

利用串珠连接成的首饰构成分割线

利用项链、手镯等装饰品构成分割线。由小串珠构成的自制手工艺品也是不错的选择。

利用铅笔、自来水笔构成分割线

利用铅笔、自来水笔等文具构成分割线，与手绘线条结合，展现生动、有趣的效果。

利用摘掉树叶的小树枝构成分割线

带有枝节的树枝通常可以演绎出比直线更具特色的分割效果。摘掉树叶，表现简约、朴素的效果。

利用筷子构成分割线

涉及餐饮、食品等相关的内容时，将筷子作为分割线是不错的选择。此外，还可以考虑使用刀叉。

利用毛线构成分割线

希望表现线绳独特的弹性效果时，可以采用毛线构成分割线。同橡胶绳一样，毛线富有弹性，可以随意变化形状。

利用荧光灯管构成分割线

日常生活中常见的荧光灯管可以构成分割线。由发光状态下的荧光灯管构成的分割线更具特色。

等间距并置白炽灯泡构成分割线

图例中拍摄的是白炽灯泡的俯瞰图。与荧光灯管相同，发光状态下的白炽灯泡更具特色。

利用规尺构成分割线

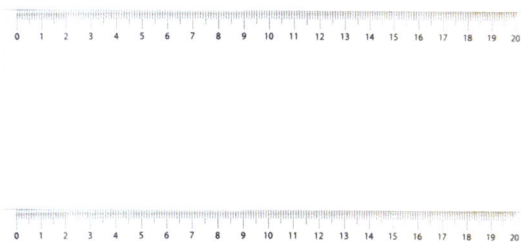

规尺作为分割线的素材之一，经常被用于各种设计场合，尤其适用于载有学术性内容的版面。

连接胶带构成分割线

这也是由日常生活用品构成分割线的案例。可以由一条胶带构成一条线，也可以像图例中那样将多条胶带重叠粘贴。

利用桌腿和椅腿构成分割线

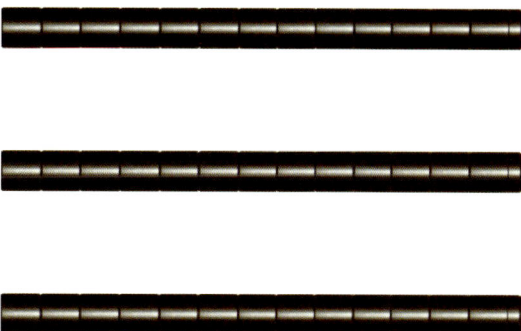

采用桌腿、椅腿等有趣的装饰也可以构成分割线。如上图所示，可以采用具有特点的装饰物构成分割线。

无需事先准备

利用身边的素材

必须进行手绘作业

必须拍照·扫描

比较花费时间和精力

图 形 ②

使用独具特色的文字框线和背景

专栏报道和信息专栏
经常要体现其与众不同的效果，
主要表现为对文字信息的圈框方式。
但是，单纯的线条总是显得索然无味！

使用有特色的外围框线

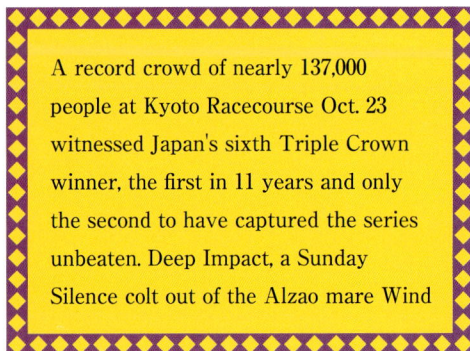

!

A record crowd of nearly 137,000 people at Kyoto Racecourse Oct. 23 witnessed Japan's sixth Triple Crown winner, the first in 11 years and only the second to have captured the series unbeaten. Deep Impact, a Sunday Silence colt out of the Alzao mare Wind

仅仅通过对框线的处理，就可以具有与众不同的效果。装饰性框线（参考第 126 页）与色彩的搭配可以有很多种类型。

使用由圆形构成的引导线

!

A record crowd of nearly 137,000 people at Kyoto Racecourse Oct. 23 witnessed Japan's sixth Triple Crown winner, the first in 11 years and only the seco

从文字框引出的引导线使用圆形图案，给人以柔和的印象。是能够提示读者思考的最佳图案设计。

将文字框与插图组合搭配

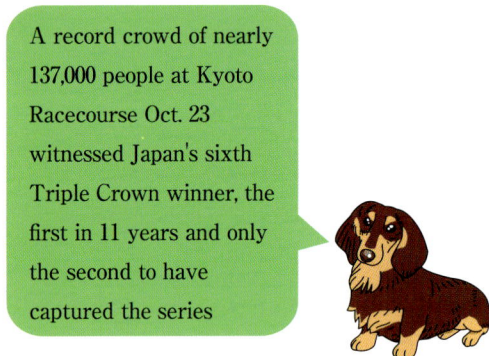

!

A record crowd of nearly 137,000 people at Kyoto Racecourse Oct. 23 witnessed Japan's sixth Triple Crown winner, the first in 11 years and only the second to have captured the series

当问卷调查的答案和意见等文字信息栏与说话人的插图搭配出现时，版面效果十分强。也可以选用动画人物的插图等。

将同心圆作为文字背景

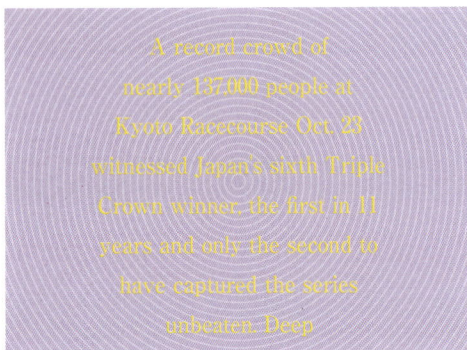

!

A record crowd of nearly 137,000 people at Kyoto Racecourse Oct. 23 witnessed Japan's sixth Triple Crown winner, the first in 11 years and only the second to have captured the series unbeaten. Deep

将同心圆作为背景画面使用，经常与报纸标题等文字信息搭配。

以细斜线图案作为背景

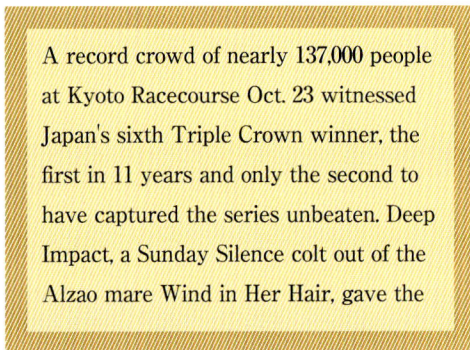

!

A record crowd of nearly 137,000 people at Kyoto Racecourse Oct. 23 witnessed Japan's sixth Triple Crown winner, the first in 11 years and only the second to have captured the series unbeaten. Deep Impact, a Sunday Silence colt out of the Alzao mare Wind in Her Hair, gave the

与同心圆相同，属于报纸等印刷品中经常采用的方案。斜线之间的间隔过小时，会产生一种涂抹的效果。

134

对边框进行模糊化处理，体现柔和的效果

A record crowd of nearly 137,000 people at Kyoto Racecourse Oct. 23 witnessed Japan's sixth Triple Crown winner, the first in 11 years and only the second to have captured the series unbeaten. Deep Impact, a Sunday Silence colt out of the Alzao mare Wind in Her Hair, gave the

框线模糊的文字框可以给人以柔和的印象。将边角设计成圆形，可以进一步强调柔和的效果。

以网点状图案构成文字框

A record crowd of nearly 137,000 people at Kyoto Racecourse Oct. 23 witnessed Japan's sixth Triple Crown winner, the first in 11 years and only the second to have captured the series unbeaten. Deep Impact, a Sunday Silence colt out of the Alzao mare Wind in Her Hair, gave the fans and his connections a heart-pounding run for their money even

将网点状图案组合成文字框。网点状图案越细小，文字内容的可视性越强。上图中将网点状图案进行了重叠。

框线与涂色部分错开

A record crowd of nearly 137,000 people at Kyoto Racecourse Oct. 23 witnessed Japan's sixth Triple Crown winner, the first in 11 years and only the second to have captured the series unbeaten. Deep Impact, a Sunday Silence colt out of the Alzao mare Wind in Her Hair, gave the fans and his connections a heart-pounding run for their money even

即使只是简单地利用框线将文字信息包围，通过框线与涂色部分错位，也可以表现出变化。文字背景无特殊化处理，演绎出朴素的风格。

将带有喷雾效果的画面作为文字背景

A record crowd of nearly 137,000 people at Kyoto Racecourse Oct. 23 witnessed Japan's sixth Triple Crown winner, the first in 11 years and only the second to have captured the series unbeaten. Deep

在形状、色彩浓度上体现喷雾效果的不同，与将框线进行模糊化处理的效果相同，给人以柔和的印象。

将用颜料涂抹的画面作为文字背景

A record crowd of nearly 137,000 people at Kyoto Racecourse Oct. 23 witnessed Japan's sixth Triple Crown winner, the first in 11 years and only the second to have captured the series unbeaten. Deep Impact, a Sunday Silence colt out of the Alzao mare Wind in

将用颜料涂抹的不均匀画面作为文字背景，利用毛笔的特点，营造粗犷的氛围。

将用蜡笔涂抹的画面作为文字背景

A record crowd of nearly 137,000 people at Kyoto Racecourse Oct. 23 witnessed Japan's sixth Triple Crown winner, the first in 11 years and only the second to have captured the series unbeaten. Deep Impact, a Sunday Silence colt out of the Alzao mare Wind in Her Hair, gave the fans and his connections

铅笔、蜡笔等工具不仅可以用来描绘文字框的外围框线，用其涂抹过的画面也可以作为文字背景。

无需事先准备

利用身边的素材

必须进行手绘作业

必须拍照·扫描

比较花费时间和精力

将墨水或咖啡的印迹作为文字背景

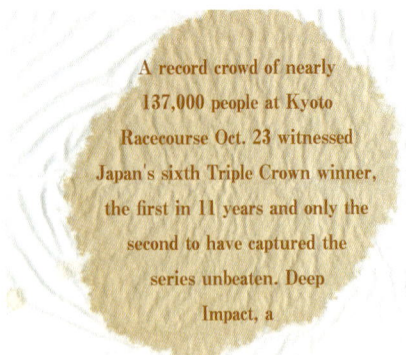

纸张、布匹被带颜色的液体浸透的画面，可以作为文字背景。操作过程中要保证液体一点一点地渗透，这是形成理想图形的窍门。

将立体装饰物作为文字背景

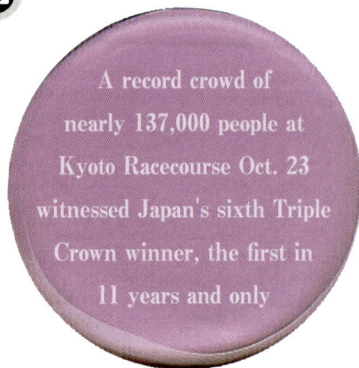

将立体装饰物作为文字背景，体现装饰物本身的质感。如上图所示，采用半透明纽扣形状的立体装饰物作为文字背景。

以裁剪后的彩纸作为文字背景

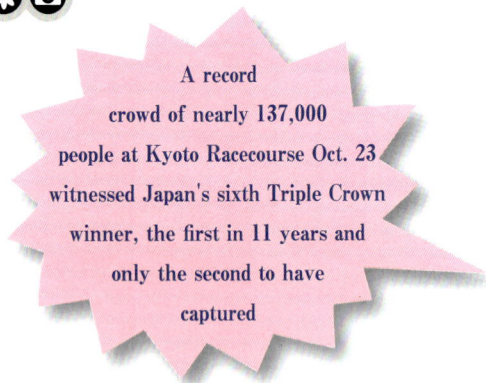

将彩纸裁剪成任意形状，作为文字框。与描画的图形相比，更能表现出朴素的质感和手工效果。

以带有压印花纹的纸张作为文字背景

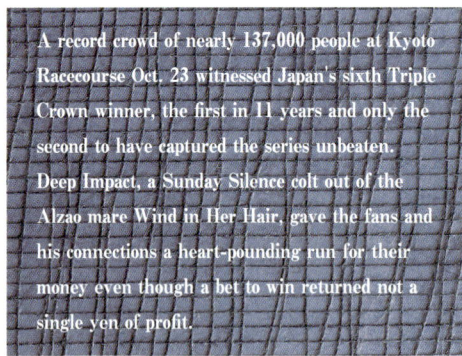

根据纸张的质感，可以实现文字背景的多样化。在日常生活中应注意收集各种特殊类型的纸张。

以带有花纹的纸张作为文字背景

选用带有花纹图案的纸张作为文字背景，表现独特的风格。以带有花纹图案的日本纸作为文字框，可以体现日式和风。

裁剪厚板纸作为文字背景

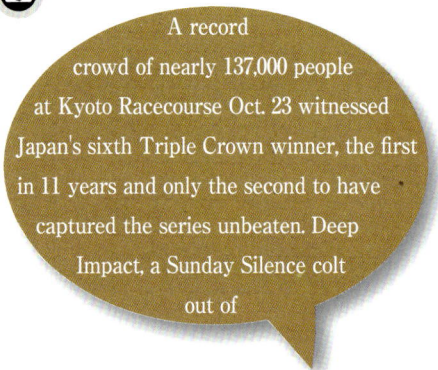

日常生活中常用到的厚纸板也可以作为文字背景使用。应注意避免纸面带有的粉末纸屑影响文字的可视性。

将半透明的玻璃纸作为文字背景

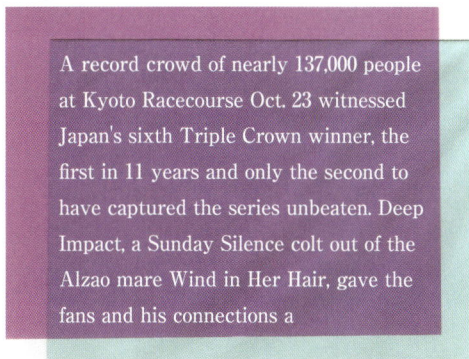

A record crowd of nearly 137,000 people at Kyoto Racecourse Oct. 23 witnessed Japan's sixth Triple Crown winner, the first in 11 years and only the second to have captured the series unbeaten. Deep Impact, a Sunday Silence colt out of the Alzao mare Wind in Her Hair, gave the fans and his connections a

运用玻璃纸可以形成文字框。重叠多张玻璃纸，可以表现不同的色彩变化。

裁剪活页纸作为文字背景

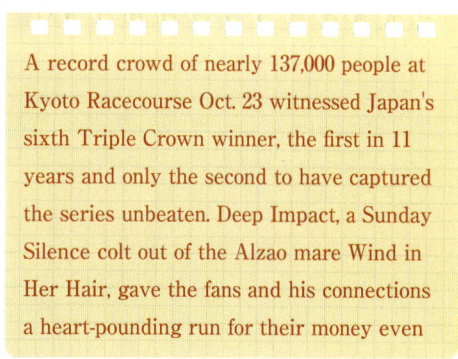

A record crowd of nearly 137,000 people at Kyoto Racecourse Oct. 23 witnessed Japan's sixth Triple Crown winner, the first in 11 years and only the second to have captured the series unbeaten. Deep Impact, a Sunday Silence colt out of the Alzao mare Wind in Her Hair, gave the fans and his connections a heart-pounding run for their money even

裁剪活页纸作为文字背景，体现手工质感。格线沿文字剪切、手绘文字等处理可以使画面更加别具一格。

将粘贴型便签纸作为文字背景

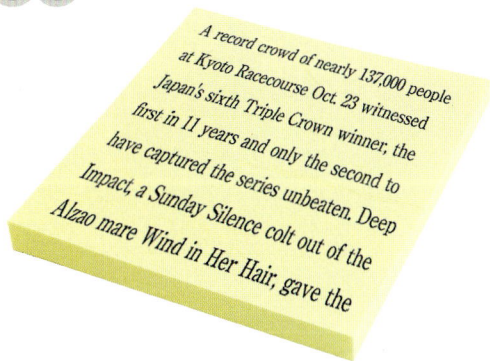

A record crowd of nearly 137,000 people at Kyoto Racecourse Oct. 23 witnessed Japan's sixth Triple Crown winner, the first in 11 years and have captured the series unbeaten. Deep Impact, a Sunday Silence colt out of the Alzao mare Wind in Her Hair, gave the

将文字框设计成便签的形状。图例中所示的文字框是正方形的、可以撕下来粘贴的便签造型。

将条形单词卡片作为文字背景

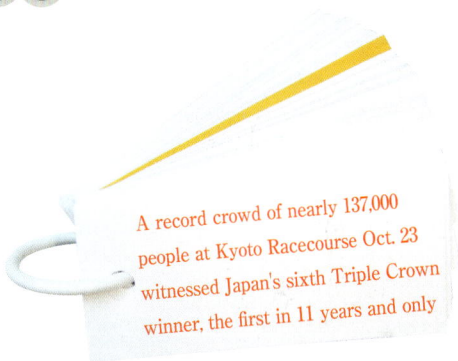

A record crowd of nearly 137,000 people at Kyoto Racecourse Oct. 23 witnessed Japan's sixth Triple Crown winner, the first in 11 years and only

灵感来源于学生日常携带的单词卡片。与便签纸的设计有类似效果。

在纸面中央剪切空间作为文字框

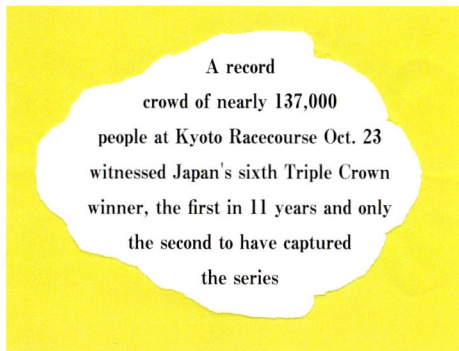

A record crowd of nearly 137,000 people at Kyoto Racecourse Oct. 23 witnessed Japan's sixth Triple Crown winner, the first in 11 years and only the second to have captured the series

与剪切各种形状的纸面作为文字框相反，该案例在纸面中央剪切出空间作为文字框。缺口处的阴影可以强调立体效果。

裁剪布面作为文字背景

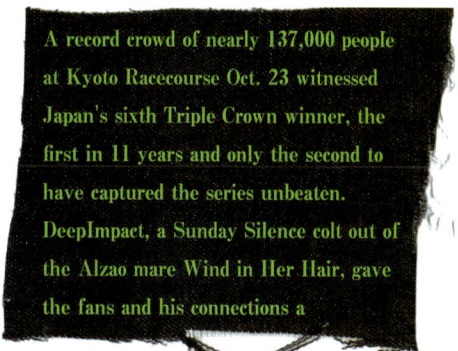

A record crowd of nearly 137,000 people at Kyoto Racecourse Oct. 23 witnessed Japan's sixth Triple Crown winner, the first in 11 years and only the second to have captured the series unbeaten. DeepImpact, a Sunday Silence colt out of the Alzao mare Wind in Her Hair, gave the fans and his connections a

利用布料，形成与纸面不同的效果。体现独特性的技巧在于自然展现边角散乱的线头。

无需事先准备

利用身边的素材

必须进行手绘作业

必须拍照·扫描

比较花费时间和精力

将蕾丝窗帘作为文字背景

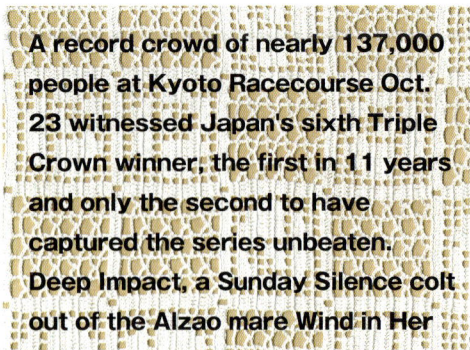

A record crowd of nearly 137,000 people at Kyoto Racecourse Oct. 23 witnessed Japan's sixth Triple Crown winner, the first in 11 years and only the second to have captured the series unbeaten. Deep Impact, a Sunday Silence colt out of the Alzao mare Wind in Her

将带有蕾丝装饰的窗帘作为文字框。窗帘有很多种类，利用其不同的材质与装饰图案，可以表现不同的风格。

将桌垫作为文字背景

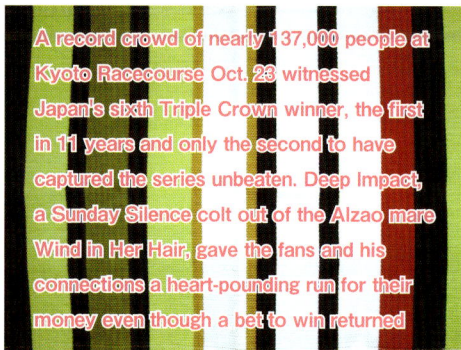

A record crowd of nearly 137,000 people at Kyoto Racecourse Oct. 23 witnessed Japan's sixth Triple Crown winner, the first in 11 years and only the second to have captured the series unbeaten. Deep Impact, a Sunday Silence colt out of the Alzao mare Wind in Her Hair, gave the fans and his connections a heart-pounding run for their money even though a bet to win returned

将带有方格花纹、条纹图案的桌垫作为文字框，适用于载有餐饮、食品等相关内容的版面。

将烧焦边角的布料作为文字背景

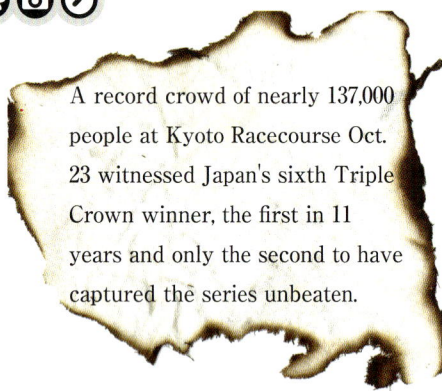

A record crowd of nearly 137,000 people at Kyoto Racecourse Oct. 23 witnessed Japan's sixth Triple Crown winner, the first in 11 years and only the second to have captured the series unbeaten.

将烧焦边角的布料、纸张作为文字的背景图框，强调表现文字边框，表现古旧书的感觉。

在电视屏幕中添加文字内容

A record crowd of nearly 137,000 people at Kyoto Racecourse Oct. 23 witnessed Japan's sixth Triple Crown winner, the first in 11 years and only the second to have captured the series unbeaten. DeepImpact, a Sunday Silence colt out

将电视屏幕作为文字框，与采用电脑屏幕作为文字框的效果类似。

在手机屏幕中添加文字内容

同电视屏幕的效果相同，利用手机屏幕作为文字框，模仿手机短消息的效果。

在网页浏览器画面中添加文字内容

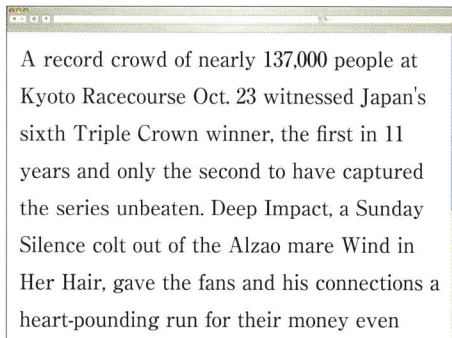

A record crowd of nearly 137,000 people at Kyoto Racecourse Oct. 23 witnessed Japan's sixth Triple Crown winner, the first in 11 years and only the second to have captured the series unbeaten. Deep Impact, a Sunday Silence colt out of the Alzao mare Wind in Her Hair, gave the fans and his connections a heart-pounding run for their money even

在网页浏览器画面中添加文字内容，演绎数码风格。实际拍摄时，最好选择空白页作为背景。

在MO标签中添加文字内容

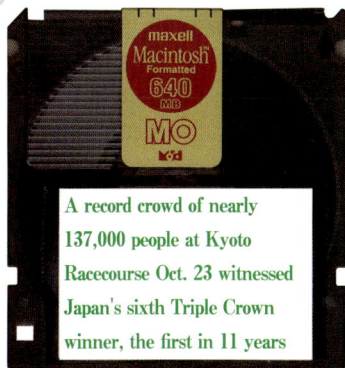

A record crowd of nearly 137,000 people at Kyoto Racecourse Oct. 23 witnessed Japan's sixth Triple Crown winner, the first in 11 years

将软盘、磁路的空白标签作为文字背景，表现MO、FD等记忆媒体的"信息"储存感觉。

将CD或DVD的盘面作为文字背景

A record crowd of nearly 137,000 people at Kyoto Racecourse Oct. 23 witnessed Japan's sixth Triple Crown winner, the first in 11 years and only the second to have captured the series unbeaten. Deep

将CD或DVD的内侧盘面作为文字背景，给人潇洒、华丽的印象。将文字按圆形轮廓排列，则更具海报风格。

将树叶照片作为文字背景

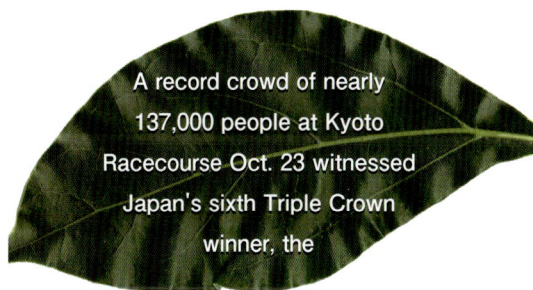

A record crowd of nearly 137,000 people at Kyoto Racecourse Oct. 23 witnessed Japan's sixth Triple Crown winner, the

植物的叶子有不同的种类和形状。但是需要注意的是，如果树叶上划痕过多，会影响整体的美观效果。

将天空照片中的云朵作为文字背景

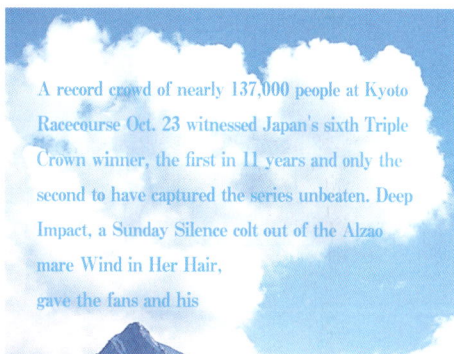

A record crowd of nearly 137,000 people at Kyoto Racecourse Oct. 23 witnessed Japan's sixth Triple Crown winner, the first in 11 years and only the second to have captured the series unbeaten. Deep Impact, a Sunday Silence colt out of the Alzao mare Wind in Her Hair, gave the fans and his

将天空的照片作为整体的背景画面，并利用白色云朵部分作为文字框。蓝色的文字清晰可见，一目了然。

将树木、木板的照片作为文字背景

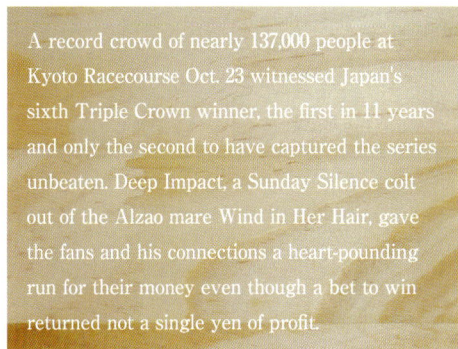

A record crowd of nearly 137,000 people at Kyoto Racecourse Oct. 23 witnessed Japan's sixth Triple Crown winner, the first in 11 years and only the second to have captured the series unbeaten. Deep Impact, a Sunday Silence colt out of the Alzao mare Wind in Her Hair, gave the fans and his connections a heart-pounding run for their money even though a bet to win returned not a single yen of profit.

以木板纹路作为原创花纹图案。以倾斜的角度拍摄树木、木板，能够表现出立体效果。

将金属拉丝表现作为文字背景

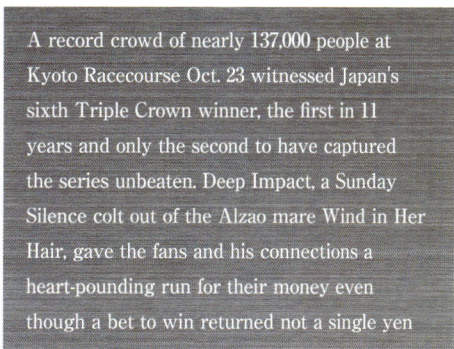

A record crowd of nearly 137,000 people at Kyoto Racecourse Oct. 23 witnessed Japan's sixth Triple Crown winner, the first in 11 years and only the second to have captured the series unbeaten. Deep Impact, a Sunday Silence colt out of the Alzao mare Wind in Her Hair, gave the fans and his connections a heart-pounding run for their money even though a bet to win returned not a single yen

表现与众不同的独特质感。实际加工存在一定难度时，可以通过电脑制图模拟这种效果。

将小型黑板作为文字背景

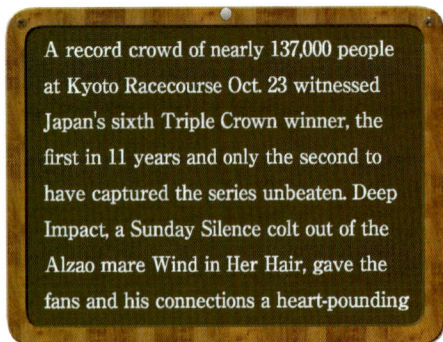

A record crowd of nearly 137,000 people at Kyoto Racecourse Oct. 23 witnessed Japan's sixth Triple Crown winner, the first in 11 years and only the second to have captured the series unbeaten. Deep Impact, a Sunday Silence colt out of the Alzao mare Wind in Her Hair, gave the fans and his connections a heart-pounding

将学校课堂的黑板当作文字框。如果版面中的文字是用粉笔手写的话，则更具特色。

将白色书写板作为文字背景

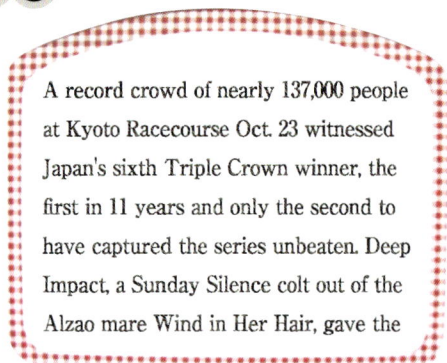

A record crowd of nearly 137,000 people at Kyoto Racecourse Oct. 23 witnessed Japan's sixth Triple Crown winner, the first in 11 years and only the second to have captured the series unbeaten. Deep Impact, a Sunday Silence colt out of the Alzao mare Wind in Her Hair, gave the

与使用小型黑板效果相同，将白色书写板作为文字框。在文具店、杂货店等地方很容易就可以买到白色书写板。

将日式挂轴作为文字背景

A record crowd of nearly 137,000 people at Kyoto Racecourse Oct. 23 witnessed Japan's

需要营造传统氛围、演绎日式风格时，可以采用这种挂轴作为文字框。其中，文字可以选择毛笔字体。

利用信封作为文字背景

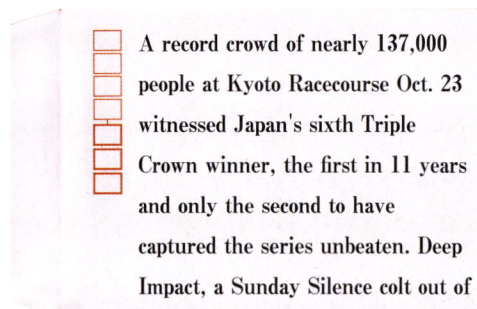

A record crowd of nearly 137,000 people at Kyoto Racecourse Oct. 23 witnessed Japan's sixth Triple Crown winner, the first in 11 years and only the second to have captured the series unbeaten. Deep Impact, a Sunday Silence colt out of

利用日常生活中常见的素材——信封，作为文字背景。可以充分利用邮编空格，或者使用不同颜色的信封等等。

将手提包作为文字背景

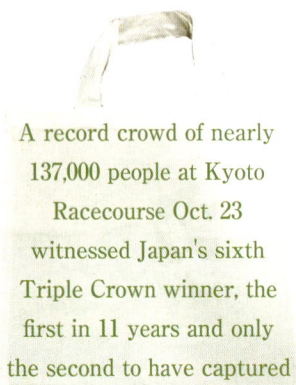

A record crowd of nearly 137,000 people at Kyoto Racecourse Oct. 23 witnessed Japan's sixth Triple Crown winner, the first in 11 years and only the second to have captured

根据提包的材质不同，可以找到很多相似的素材。是形状独特、可以体现时尚感的文字框。

以行李签等标签作为文字背景

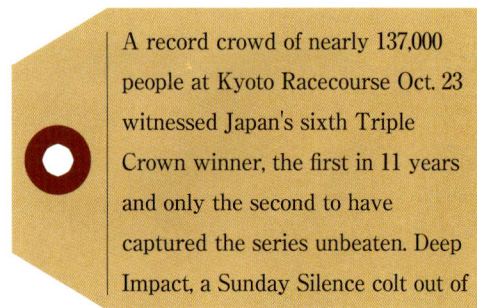

A record crowd of nearly 137,000 people at Kyoto Racecourse Oct. 23 witnessed Japan's sixth Triple Crown winner, the first in 11 years and only the second to have captured the series unbeaten. Deep Impact, a Sunday Silence colt out of

模仿商品标签或行李标签。与纽扣或金属丝等细节挂件搭配，更能体现真实感。

以姓名牌作为文字背景

A record crowd of nearly 137,000 people at Kyoto Racecourse Oct. 23 witnessed Japan's sixth Triple Crown winner, the first in 11 years and only the second to

与行李签相比，姓名牌更接近日常生活。纸质姓名牌可以多次折叠。

以放大镜作为文字背景

A record crowd of nearly 137,000 people at Kyoto Racecourse Oct. 23 witnessed Japan's sixth Triple Crown winner, the first in 11 years and only the secon

以镜面作为文字框，边框清晰，文字与周围的区分十分明显。

以放大镜放大局部，加以强调

A record crowd of nearly 137,000 people at Kyoto Racecourse Oct. 23 witnessed Japan's sixth Triple Crown winner, the

将希望强调的内容切割出来，通过放大镜放大强调，能够有效吸引读者的注意。

以交通标牌作为文字背景

A record crowd of nearly 137,000 people at Kyoto Racecourse Oct. 23 witnessed Japan's sixth Triple

模拟交通标牌的海报可以有效吸引读者的注意。文字可以是表示"禁止"、"注意"等意义的内容。

以车牌作为文字背景

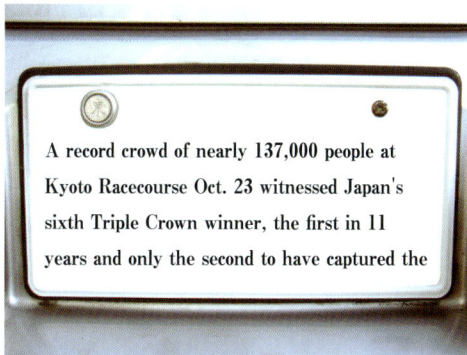

A record crowd of nearly 137,000 people at Kyoto Racecourse Oct. 23 witnessed Japan's sixth Triple Crown winner, the first in 11 years and only the second to have captured the

以日常生活中常见的汽车车牌作为文字框，金属部件体现独特质感。

以告示牌、广告牌作为文字背景

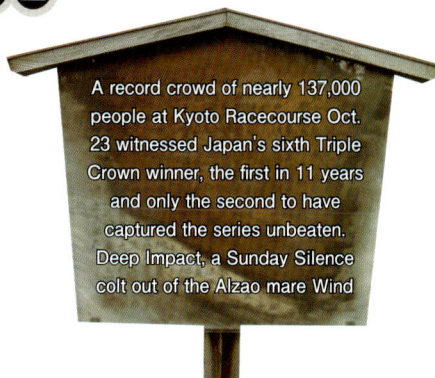

A record crowd of nearly 137,000 people at Kyoto Racecourse Oct. 23 witnessed Japan's sixth Triple Crown winner, the first in 11 years and only the second to have captured the series unbeaten. Deep Impact, a Sunday Silence colt out of the Alzao mare Wind

起到唤起行人注意、公布通知等作用的告示牌也是画面文字框的素材之一，起到整理、归纳信息的作用。

无需事先准备

利用身边的素材

必须进行手绘作业

必须拍照·扫描

比较花费时间和精力

设计具有视觉冲击力的图表

图表可以将各种数据以视觉化的方式展现出来。正确地区分图表的种类和用途，是设计图表之前的必要工作。

通过圆形图表表示百分比

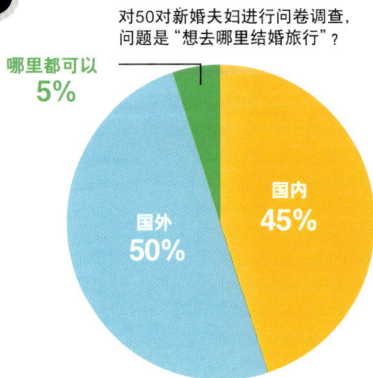

对50对新婚夫妇进行问卷调查，问题是"想去哪里结婚旅行"？

哪里都可以 5%
国外 50%
国内 45%

比较数字百分比时，圆形图表是最佳选择。讲解的空间可以另外单设，也可以如上图那样，将讲解和图表组合在一起。

通过柱形图表表示数值差

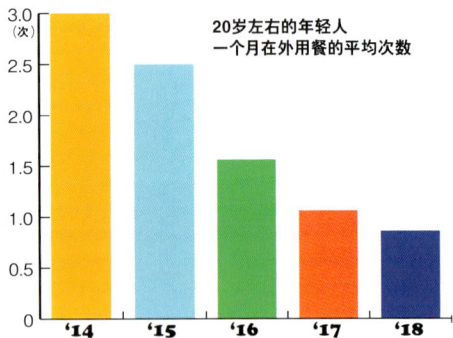

20岁左右的年轻人一个月在外用餐的平均次数

比较各项目的绝对数值、体现数值差时，柱形图表是最佳选择。设计时组合合纵横布局，是最易操作的方案。

通过累积式柱形图表表示数值差和明细

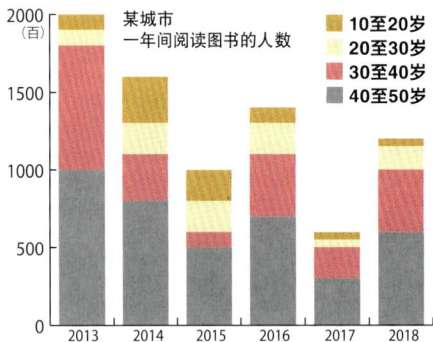

某城市一年间阅读图书的人数

10至20岁
20至30岁
30至40岁
40至50岁

累积式柱形图表可以表示各项目的明细。对不同内容的明细部分着不同的颜色，图表内容一目了然，表意明确。

通过折线图表表示数据变化

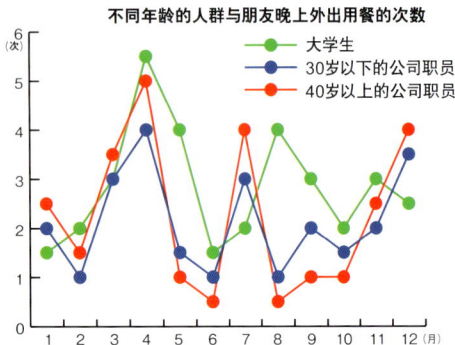

不同年龄的人群与朋友晚上外出用餐的次数

大学生
30岁以下的公司职员
40岁以上的公司职员

表现随着时间推移数据发生变化时，折线图表是最佳选择。与柱形图表相比，折线图表的优点在于能够记录更多的数据。

通过阶梯图表表示数据变化和明细

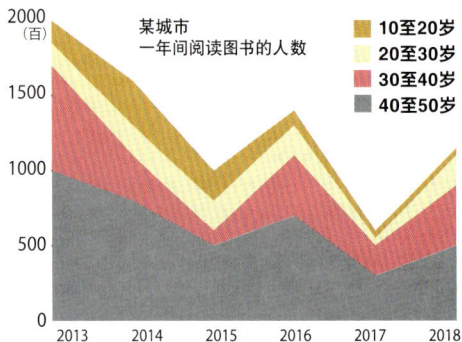

某城市一年间阅读图书的人数

10至20岁
20至30岁
30至40岁
40至50岁

在表现变化的同时还希望展现明细时，可以采用阶梯图表。对各部分进行不同的配色十分关键。

通过雷达图表表示性质和平衡

❗

对3家家电用品商店
开展的顾客满意度调查

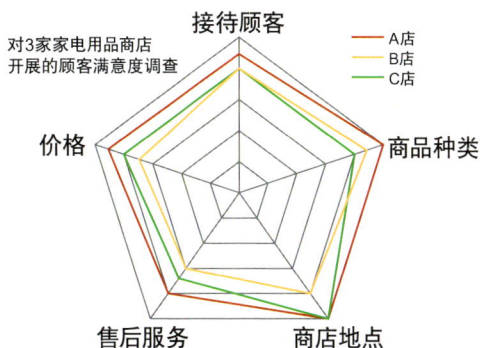

接待顾客
价格
商品种类
售后服务
商店地点

A店
B店
C店

能够表现性质和平衡的雷达图表是平时比较少见的一种图表。在确保可识别性的同时，应明确对不同的项目着不同的颜色。

通过分散图表表示数值的动向及倾向

❗

每天的学习时间与考试成绩

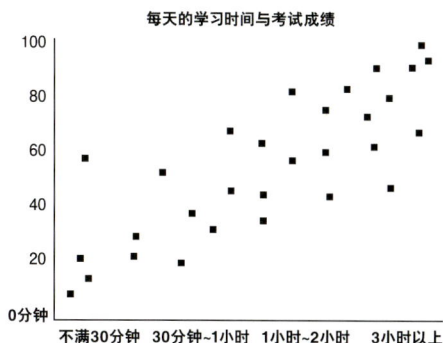

0分钟
不满30分钟 30分钟~1小时 1小时~2小时 3小时以上

分散图表也是数据图表的一种。通过图表中点的分散状态把握数据的动态倾向。

通过照片、插图的尺寸表现数值

❗

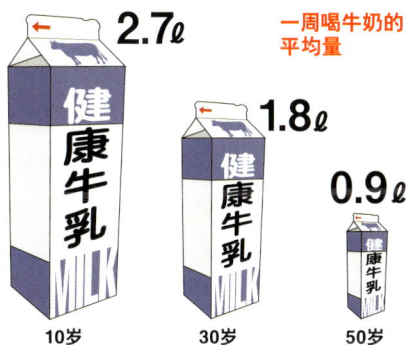

2.7ℓ
1.8ℓ
0.9ℓ
10岁 30岁 50岁

一周喝牛奶的平均量

根据数值的大小，相应改变照片、插图的尺寸。所选择的插图、照片最好能够切合主题。

通过照片、插图的数量表现数值

❗

一周喝牛奶的平均量

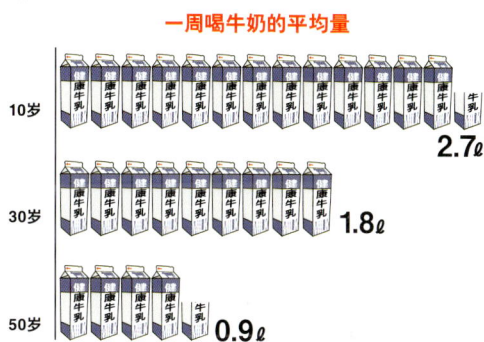

10岁
30岁
50岁
2.7ℓ
1.8ℓ
0.9ℓ

利用照片或插图的数量表现数值的多少，可以使画面更加生动、形象。

通过照片、插图的图形欠缺程度表现数值

🕐

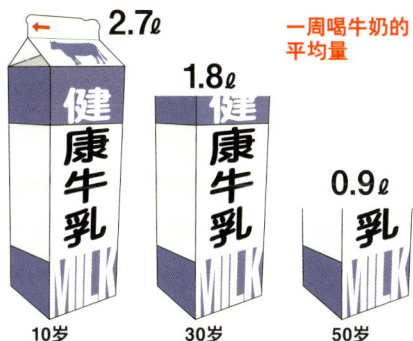

2.7ℓ
1.8ℓ
0.9ℓ
10岁 30岁 50岁

一周喝牛奶的平均量

除了尺寸、数量之外，还可以通过照片、插图的不完整程度表现数值。

通过数字构成表现数值

❗

摇一百次骰子，出现各图案的次数

18次 20次
15次 18次
12次 17次

在提示数据时，并非要一味使用图表。仅仅通过数字构成表现数值，也能给人留下很深刻的印象。

为图表内相似的项目着同色系颜色

你对目前的工资满意吗?

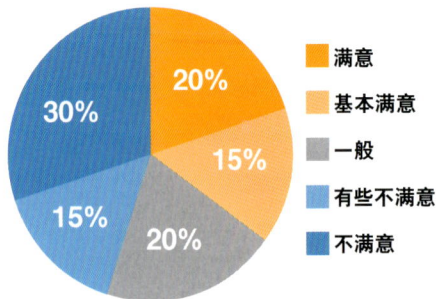

- 满意
- 基本满意
- 一般
- 有些不满意
- 不满意

类似项目用同色系颜色表示，便于从大体上把握数据。可以用暖色系颜色和冷色系颜色区分表示肯定和否定。

只用一种颜色，利用分割线区分

你对目前的工资满意吗?

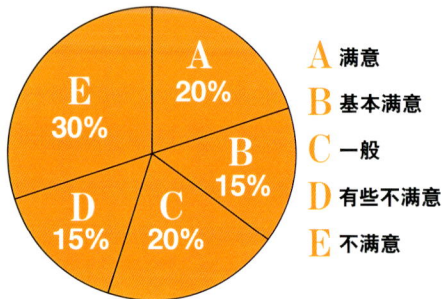

- A 满意
- B 基本满意
- C 一般
- D 有些不满意
- E 不满意

不必一定要用不同的颜色表示不同的内容。只由一种颜色构成的图表也是无可厚非的。保持版面的朴素、简约，用分割线将不同的内容、数值区分开。

只用一种颜色，利用色彩浓度加以区分

你对目前的工资满意吗?

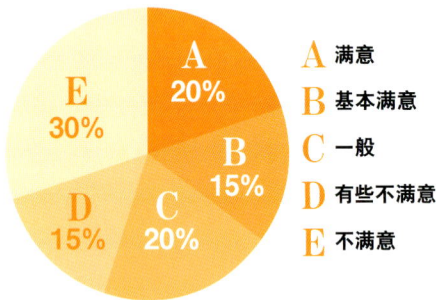

- A 满意
- B 基本满意
- C 一般
- D 有些不满意
- E 不满意

当希望画面中只使用单一的色彩，又不想仅仅通过分割线来区分内容和数值时，可以利用色彩的浓度加以区分。

在图表的背景中添加刻度线

不同年龄的人群与朋友晚上外出用餐的次数

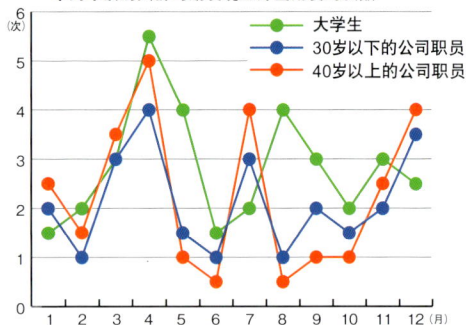

- 大学生
- 30岁以下的公司职员
- 40岁以上的公司职员

刻度线是在折线图表和柱形图表中经常出现的。在比较各项目数据的不同时，一目了然、表意明确。

在图表的背景中添加格状图

不同年龄的人群与朋友晚上外出用餐的次数

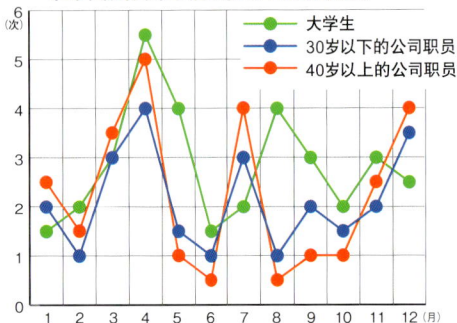

- 大学生
- 30岁以下的公司职员
- 40岁以上的公司职员

横线、竖线组合构成格状图，形成更加容易分辨的参照数据图。但是，这种方法也容易使画面给人纷繁杂乱的印象。

以色带区分刻度范围

不同年龄的人群与朋友晚上外出用餐的次数

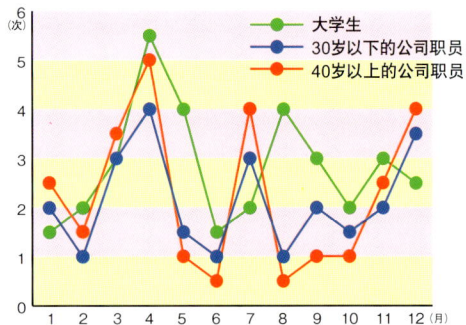

- 大学生
- 30岁以下的公司职员
- 40岁以上的公司职员

不使用分割线，通过背景的色带表现刻度范围。与折线图表中的数据线互不抵触，表意明确。

通过半圆形图表表示百分比

❶

对50对新婚夫妇进行问卷调查，
问题是"想去哪里结婚旅行？"

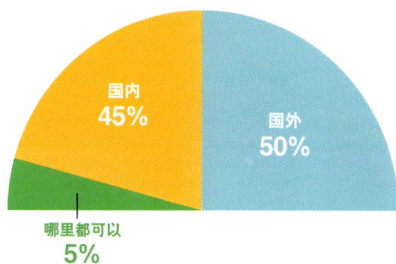

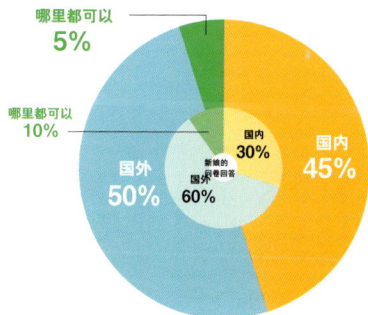

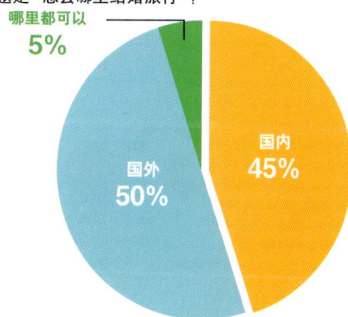

国内
45%

国外
50%

哪里都可以
5%

圆形图表与版面布局不相称时，可以采用这种半圆形图表，能够体现比圆形图表更富于变化的效果。

通过中间挖空的圆形图表表示百分比

❶

结婚旅行的话，想去哪里呢？

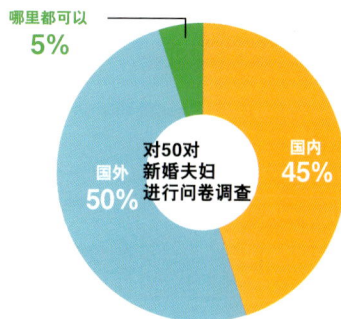

哪里都可以
5%

对50对
新婚夫妇
进行问卷调查

国内
45%

国外
50%

在圆形图表的中央挖个空洞，即所谓的"炸面包圈图表"。和圆形图表相比，变化效果更加凸显，还可以在中央空白空间处添加标题性文字。

将炸面包圈图表与圆形图表组合

❶

对50对新婚夫妇进行问卷调查，问题是"想去哪里结婚旅行"？

哪里都可以
5%

哪里都可以
10%

国外
50%

国内
45%

新娘的
问卷回答

国内
30%

国外
60%

在炸面包圈图表的中央空白空间里再添加一个圆形图表，回答了与题干相关联的问题。

分割、强调图表中的一部分

❶

对50对新婚夫妇进行问卷调查，
问题是"想去哪里结婚旅行？"

哪里都可以
5%

国外
50%

国内
45%

可以从圆形图表中分割出各个项目，进行强调。但是，不适合于希望并列对比数据的情况。

利用比萨照片制作圆形图表

⚙ 📷 🕐

你一个月内吃过比萨吗？

No
25%

Yes
75%

圆形的食物可以作为图表的素材。除此之外，圆形蛋糕、茶碗、盘子等等也可以使用。

利用时钟照片制作圆形图表

⚙ 📷 🕐

你收到过恋人
送给你的手表吗？

No
38%

Yes
62%

将时钟的指针设计成比例分割线。但是，如果过于强调数字"12"的话，就会不太适用。

❶ 无需事先准备
⚙ 利用身边的素材
🔧 必须进行手绘作业
📷 必须拍照·扫描
🕐 比较花费时间和精力

并列设置两个图表

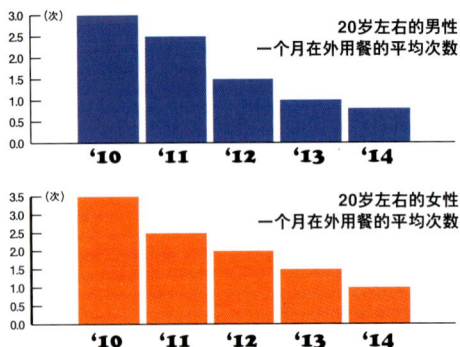

20岁左右的男性
一个月在外用餐的平均次数

20岁左右的女性
一个月在外用餐的平均次数

针对相似的问题，将两个有关联的图表并列设置在版面中。尤其是比较项目相同时，数据比较效果更加明显。

在一个图表内表现两组数据

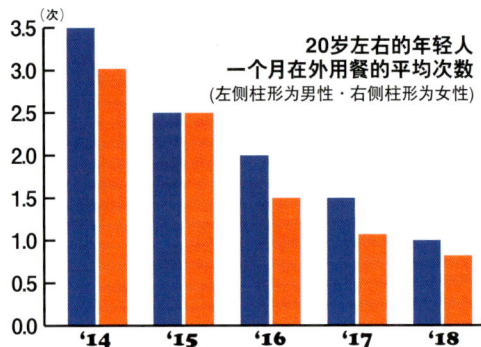

20岁左右的年轻人
一个月在外用餐的平均次数
(左侧柱形为男性·右侧柱形为女性)

面对相同的问题，多个回答对象有不同的答案时，可以将不同的数据在同一个图表内表现出来。就近设置数据图形，凸显比较效果。

通过柱形图表表现负数值

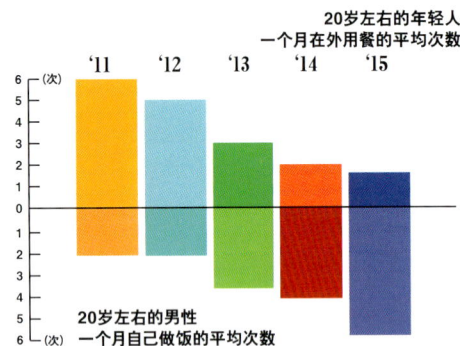

20岁左右的年轻人
一个月在外用餐的平均次数

20岁左右的男性
一个月自己做饭的平均次数

在柱形图表的基础上加工处理，可以展现相应的正、负数值。表现温度数值的图表可以采用这种方案。

将柱形图表中的色柱设计成圆柱形

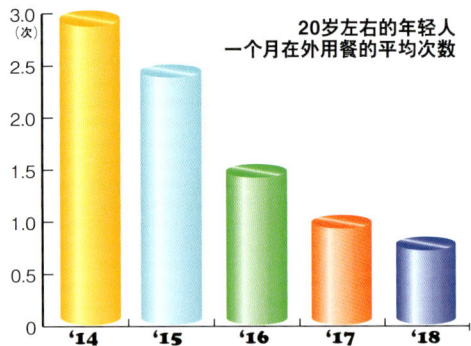

20岁左右的年轻人
一个月在外用餐的平均次数

可以通过立体图表、插图等，改变图表的平面印象，增加画面立体感。

通过杯具中的液体量表现数值

你在有意识地吃生蔬菜吗?

98%　70%　40%

20至30岁女性　平均　20至30岁男性

在透明杯具、试管内注入液体，通过液体量表现数值，具有直观的视觉效果。

利用刻度尺的照片表现柱形图表的色柱

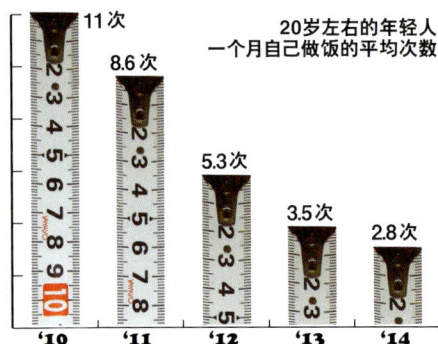

20岁左右的年轻人
一个月自己做饭的平均次数

11次　8.6次　5.3次　3.5次　2.8次

'10　'11　'12　'13　'14

规尺、刻度尺等工具是表现数值的绝好素材。如上图所示，通过刻度尺的长度表现不同的数值。

通过长方形表现累积的量

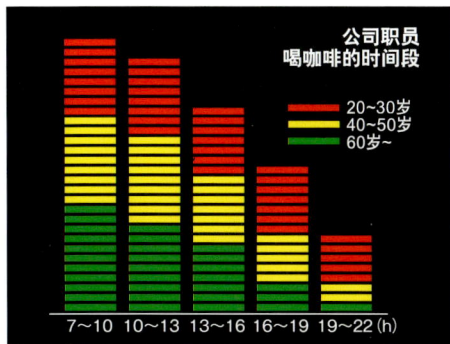

公司职员
喝咖啡的时间段

20~30岁
40~50岁
60岁~

7~10 10~13 13~16 16~19 19~22 (h)

累积式柱形图表的各个项目由互相分离的细长矩形堆积构成。数量累积的效果更加明显。

通过形象化统计图表表现累积的量

公司职员喝咖啡的时间段

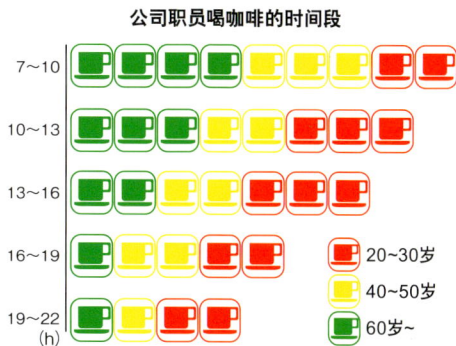

7~10
10~13
13~16
16~19
19~22 (h)

20~30岁
40~50岁
60岁~

希望为累积式柱形图表添加变化效果时,可以采用形象化统计图表。数值一目了然,同时增强了轻松、愉快的效果。

折线图表中的各个节点使用插图

一个月在快餐店用餐的平均次数

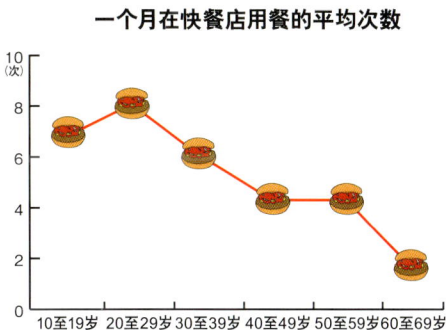

10
(次)

8

6

4

2

0
10至19岁 20至29岁 30至39岁 40至49岁 50至59岁 60至69岁

折线图表的各个节点可以用插图代替。可以选择与表现内容相关的插图。

通过针线表现折线图表中的线条

某男性在家看电视的时间
与使用电脑的时间关系

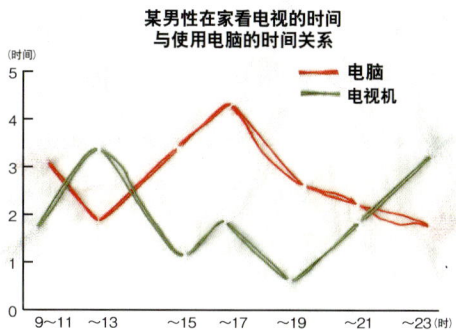

(时间)

5

4

3

2

1

0
9~11 ~13 ~15 ~17 ~19 ~21 ~23 (时)

电脑
电视机

通过针线表现折线图表中的线条,可以展现非常微妙的视觉效果。但是,不适用于以准确展示数据为目的的设计构思。

运用彩色铅笔手绘图表

不同年龄的人群与朋友晚上外出用餐的次数

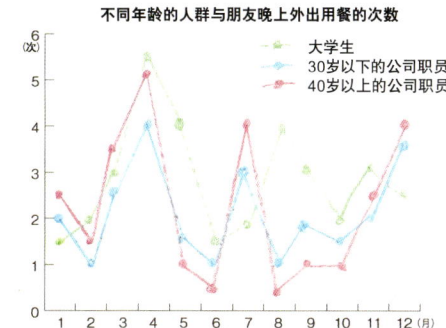

6
(次)

5

4

3

2

1

0
1   2   3   4   5   6   7   8   9   10 11 12 (月)

大学生
30岁以下的公司职员
40岁以上的公司职员

展现一定的柔和印象。同样,面对以准确展示数据为目的的设计构思时,应谨慎使用。

通过插图轨迹表现数据

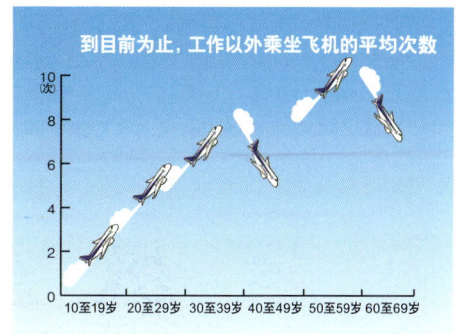

到目前为止,工作以外乘坐飞机的平均次数

10
(次)

8

6

4

2

10至19岁 20至29岁 30至39岁 40至49岁 50至59岁 60至69岁

通过带有动感变化效果的插图轨迹表现折线图表中的线条,可以选用飞机、汽车、鸟等各种插图。

清晰展现表格与细目条款

整理各项文字、数据信息时，
表格与细目条款是经常被用到的。
各种各样能够确保清晰展现表格
与细目条款的方案有很多。

只对表格标题进行差别化处理

新菜单候补名	分类	销售月份	负责人
较轻口味的咖喱	微辣	4月	沟口
温和口味的咖喱	微辣	9月	水谷
香辣口味的咖喱	中辣	2月	伊集院
热辣口味的咖喱	辣	12月	岸田
麻辣口味的咖喱	辣	8月	峰
极限咖喱	超辣	1月	仁科
咖喱·橘子	饮料类	7月	原
咖喱·甜瓜	饮料类	10月	北嶋
咖喱·葡萄	饮料类	10月	桥上

记录所有内容的体例统一，只对各项目的标题进行差别化处理，具体可以体现在字体、配色、字号等方面。

表格的背景底色交替变化

新菜单候补名	分类	销售月份	负责人
较轻口味的咖喱	微辣	4月	沟口
温和口味的咖喱	微辣	9月	水谷
香辣口味的咖喱	中辣	2月	伊集院
热辣口味的咖喱	辣	12月	岸田
麻辣口味的咖喱	辣	8月	峰
极限咖喱	超辣	1月	仁科
咖喱·橘子	饮料类	7月	原
咖喱·甜瓜	饮料类	10月	北嶋
咖喱·葡萄	饮料类	10月	桥上

表格的底色隔行交替变化，使每行的独立性更强。如果颜色过多的话，会影响表格的可视性，所以选择两到三种颜色的效果最佳。

类似项目行的背景底色相同

新菜单候补名	分类	销售月份	负责人
较轻口味的咖喱	微辣	4月	沟口
温和口味的咖喱	微辣	9月	水谷
香辣口味的咖喱	中辣	2月	伊集院
热辣口味的咖喱	辣	12月	岸田
麻辣口味的咖喱	辣	8月	峰
极限咖喱	超辣	1月	仁科
咖喱·橘子	饮料类	7月	原
咖喱·甜瓜	饮料类	10月	北嶋
咖喱·葡萄	饮料类	10月	桥上

虽然不同项目都具有各自的独立性，但可以根据其属性、内容的相似程度通过颜色进行归类。选择与内容相关的颜色，更能凸显视觉效果。

根据文字的对齐方式进行分类

新菜单候补名	分类	销售月份	预定价格
较轻口味的咖喱	微辣	4月	500日元
温和口味的咖喱	微辣	9月	550日元
香辣口味的咖喱	中辣	2月	500日元
热辣口味的咖喱	辣	12月	600日元
麻辣口味的咖喱	辣	8月	600日元
极限咖喱	超辣	1月	1200日元
咖喱·橘子	饮料类	7月	90日元
咖喱·甜瓜	饮料类	10月	120日元
咖喱·葡萄	饮料类	10月	90日元

制作表格时，文字的对齐方式是必须要考虑的内容。如上图所示，以文字的对齐方式进行分类，体现整齐、清晰的视觉效果。

展现小数点以后的数字

新菜单候补名	分类	销售月份	原价（日元）
较轻口味的咖喱	微辣	4月	308.50
温和口味的咖喱	微辣	9月	392.00
香辣口味的咖喱	中辣	2月	392.00
热辣口味的咖喱	辣	12月	403.85
麻辣口味的咖喱	辣	8月	403.85
极限咖喱	超辣	1月	956.00
咖喱·橘子	饮料类	7月	59.25
咖喱·甜瓜	饮料类	10月	82.50
咖喱·葡萄	饮料类	10月	60.00

当数字出现小数点以后数位时，按照小数点以后数位的数字对齐，数字显得更加整齐。在整位数数字的小数点后加"0"对齐。

将较长的项目通过多行表现

⓵

新菜单候补名	主要特点	负责人
较轻口味的咖喱	本店首项微辣食品 推荐儿童食用	沟口
温和口味的咖喱	本店首项微辣食品 体现健康饮食概念	水谷
香辣口味的咖喱	更新商品	伊集院
极限咖喱	定期销售 辛辣程度最强	仁科

如果各项目长度不一致，表格整体的尺寸将难以统一。根据版面空间，有必要将较长的项目分成数行表现。

将较长的项目单独表现

⓵

新菜单候补名	分类	销售月份	负责人
较轻口味的咖喱	微辣※1	4月	沟口
温和口味的咖喱	微辣※1	9月	水谷
香辣口味的咖喱	中辣	2月	伊集院
热辣口味的咖喱	辣	12月	岸田
麻辣口味的咖喱	辣	8月	峰
极限咖喱	超辣※2	1月	仁科
咖喱·橘子	饮料类	7月	原
咖喱·甜瓜	饮料类	10月	北嶋

*1本店首项微辣系列食品
*2 辛辣程度是历来商品的3倍以上，定期销售

将较长的项目编号，在表格以外的地方添加注释说明。这种方法适用于任何希望对项目添加说明文字的情况。

连结表格中含有相同内容的项目

⓵

新菜单候补名	分类	销售月份	负责人
较轻口味的咖喱	微辣	4月	沟口
温和口味的咖喱	微辣	9月	沟口
香辣口味的咖喱	中辣	2月	伊集院
热辣口味的咖喱	辣	12月	岸田
麻辣口味的咖喱	辣	8月	岸田
极限咖喱	超辣	1月	仁科
咖喱·橘子	饮料类	7月	原
咖喱·甜瓜	饮料类	10月	北嶋
咖喱·葡萄	饮料类	10月	桥上

包含相同内容的项目很多时，可以将这些项目连结起来。合并归纳相同的项目，表格内容显得更加清晰明了。

每个项目格独立展示

⓵

新菜单候补名	分类	销售月份	负责人
较轻口味的咖喱	微辣	4月	沟口
温和口味的咖喱	微辣	9月	水谷
香辣口味的咖喱	中辣	2月	伊集院
热辣口味的咖喱	辣	12月	岸田
麻辣口味的咖喱	辣	8月	峰
极限咖喱	超辣	1月	仁科
咖喱·橘子	饮料类	7月	原
咖喱·甜瓜	饮料类	10月	北嶋
咖喱·橘子	饮料类	10月	桥上

不通过分割线分割表格，而是将所有项目格以独立的方式展现出来。需要注意的是，必须保证表格行列的关联性。

省去列的分割线，只保留行的分割线

⓵

新菜单候补名	分类	销售月份	负责人
较轻口味的咖喱	微辣	4月	沟口
温和口味的咖喱	微辣	9月	水谷
香辣口味的咖喱	中辣	2月	伊集院
热辣口味的咖喱	辣	12月	岸田
麻辣口味的咖喱	辣	8月	峰
极限咖喱	超辣	1月	仁科
咖喱·橘子	饮料类	7月	原
咖喱·甜瓜	饮料类	10月	北嶋
咖喱·葡萄	饮料类	10月	桥上

这种方法与交替变化行的背景底色的效果相同，强调了各行的独立性。同样，可以对表格的列进行相同处理，强调列的独立性。

制作只进行横向分割的表格

⓵

新菜单候补名	分类	销售月份	负责人
较轻口味的咖喱	微辣	4月	沟口
温和口味的咖喱	微辣	9月	水谷
香辣口味的咖喱	中辣	2月	伊集院
热辣口味的咖喱	辣	12月	岸田
麻辣口味的咖喱	辣	8月	峰
极限咖喱	超辣	1月	仁科
咖喱·橘子	饮料类	7月	原
咖喱·甜瓜	饮料类	10月	北嶋
咖喱·葡萄	饮料类	10月	桥上

各项目不通过分割线包围，只要保证文字设置恰当，即可以被当作是表格。如上图所示，这种表格适合搭配手写文字。

无需事先准备
利用身边的素材
必须进行手绘作业
必须拍照·扫描
比较花费时间和精力

制作只有横向分割线的对应表

菜单候补名称和特征

较轻口味的咖喱	甜香浓郁，是面向儿童的食品
温和口味的咖喱	甜香美味，同样适合成年人
香辣口味的咖喱	最为普及的家庭食品
热辣口味的咖喱	冬季商品，辣
麻辣口味的咖喱	辣味调味料中的必选食品
极限咖喱	超辣，定期销售
咖喱·橘子	面向儿童的橘子口味的饮料
咖喱·甜瓜	甜瓜口味的碳酸饮料
咖喱·葡萄	面向成年人的葡萄口味的饮料

由两大项目构成的对应表，凸显了项目之间结合的紧密性。与由横、纵双向分割线构成的表格相比，结构更简单，表意更明了。

制作由色带区分项目的对应表

菜单候补名称和特征

较轻口味的咖喱	甜香浓郁，是面向儿童的食品
温和口味的咖喱	甜香美味，同样适合成年人
香辣口味的咖喱	最为普及的家庭食品
热辣口味的咖喱	冬季商品，辣
麻辣口味的咖喱	辣味调味料中的必选食品
极限咖喱	超辣，定期销售
咖喱·橘子	面向儿童的橘子口味的饮料
咖喱·甜瓜	甜瓜口味的碳酸饮料
咖喱·葡萄	面向成年人的葡萄口味的饮料

与左侧图例效果相同，项目之间的对应关系更加明确。不着色，保证行与行之间有足够的间隔，也可以体现对应关系。

中央对齐的细目条款

菜单候补名称和特征

较轻口味的咖喱	●	甜香浓郁，是面向儿童的食品
温和口味的咖喱	●	甜香美味，同样适合成年人
香辣口味的咖喱	●	最为普及的家庭食品
热辣口味的咖喱	●	冬季食品，辣
麻辣口味的咖喱	●	辣味调味料中的必选食品
极限咖喱	●	超辣，定期销售
咖喱·橘子	●	面向儿童的橘子口味的饮料
咖喱·甜瓜	●	甜瓜口味的碳酸饮料
咖喱·葡萄	●	面向成年人的葡萄口味的饮料

不用任何分割线构成表格，中央对齐的效果也十分明显。条目位置接近，与内容长短无关。

将对应项目通过箭头标志连接

菜单候补名称和特征

较轻口味的咖喱	⇒	甜香浓郁，是面向儿童的食品
温和口味的咖喱	⇒	甜香美味，同样适合成年人
香辣口味的咖喱	⇒	最为普及的家庭食品
热辣口味的咖喱	⇒	冬季食品，辣
麻辣口味的咖喱	⇒	辣味调味料中的必选食品
极限咖喱	⇒	超辣，定期销售
咖喱·橘子	⇒	面向儿童的橘子口味的饮料
咖喱·甜瓜	⇒	甜瓜口味的碳酸饮料
咖喱·葡萄	⇒	面向成年人的葡萄口味的饮料

利用箭头标志体现对应项目之间的紧密性。但是，应注意各项目的"顺序"。

将对应项目通过虚线连接

菜单候补名称和特征

较轻口味的咖喱	甜香浓郁，是面向儿童的食品
温和口味的咖喱	甜香美味，同样适合成年人
香辣口味的咖喱	最为普及的家庭食品
热辣口味的咖喱	冬季食品，辣
麻辣口味的咖喱	辣味调味料中的必选食品
极限咖喱	超辣，定期销售
咖喱·橘子	面向儿童的橘子口味的饮料
咖喱·甜瓜	甜瓜口味的碳酸饮料
咖喱·葡萄	面向成年人的葡萄口味的饮料

用虚线连接对应项目，体现项目之间的关联性。采用虚线或装饰线（参照第 126 页），可以大大提高画面的装饰效果。

组合图形，体现对应关系

菜单候补名称和特征

较轻口味的咖喱	甜香浓郁，是面向儿童的食品
温和口味的咖喱	甜香美味，同样适合成年人
香辣口味的咖喱	最为普及的家庭食品
热辣口味的咖喱	冬季食品，辣
麻辣口味的咖喱	辣味调味料中的必选食品
极限咖喱	超辣，定期销售
咖喱·橘子	面向儿童的橘子口味的饮料
咖喱·甜瓜	甜瓜口味的碳酸饮料
咖喱·葡萄	面向成年人的葡萄口味的饮料

简单的图形组合也可以体现项目之间的对应关系。除上图所示图形之外，还有圆形和长方形组合等等常见的图形组合方式。

在细目条款前设置标记

❗

本年度新商品的特点

❋ 全面更新历来的所有食品
❋ 充实以香甜口味为主的面向儿童的食品
❋ 将食品名称变更为大众耳熟能详的名称
❋ 加大辛辣口味食品的开发投入
❋ 继续销售去年备受好评的中辣型咖喱
❋ 开展限定时间段的食品销售，如超辣口味的咖喱
❋ 降低全部食品的卡路里含量
❋ 使对蔬菜·肉类等装饰配品的选择成为可能
❋ 开始销售新型饮料类食品

以星星、花朵等图案为主，简单的标记可以设置在细目条款的开头。搭配与项目文字不同的颜色，更加醒目。

在细目条款前设置检验记号

❗

本年度新商品的特点

☑ 全面更新历来的所有食品。
☑ 充实以香甜口味为主的面向儿童的食品
☑ 将食品名称变更为大众耳熟能详的名称
☑ 加大辛辣口味食品的开发投入
☑ 继续销售去年备受好评的中辣型咖喱
☑ 开展限定时间段的食品销售，如超辣口味的咖喱
☑ 降低全部商品的卡路里含量
☑ 使对蔬菜·肉类等装饰配品的选择成为可能
☑ 开始销售新型饮料类商品

将检验记号作为开头标记，置于细目条款之前，凸显条款内容的重要性。

用毛笔书写细目条款

❗

本年度新商品的特点

一、全面更新历来的所有食品
一、充实以香甜口味为主的面向儿童的食品
一、将食品名称变更为大众耳熟能详的名称
一、加大辛辣口味食品的开发投入
一、继续销售去年备受好评的中辣型咖喱
一、开展限定时间段的食品销售，如超辣口味的咖喱
一、降低全部商品的卡路里含量
一、使对蔬菜·肉类等装饰配品的选择成为可能
一、开始销售新型饮料类食品

细目条款的序号一般都是按"1、2、3……"顺序排列。但如上图所示，序号全部以数字"一"表示，且内容全部由毛笔书写。

通过相同的标记表现类似的项目

❗

本年度新商品的特点

☺ 全面更新历来的所有食品
☺ 充实以香甜口味为主的面向儿童的食品
☺ 将食品名称变更为大众耳熟能详的名称
☺ 加大辛辣口味食品的开发投入
☺ 继续销售去年备受好评的中辣型咖喱
☺ 开展限定时间段的食品销售，如超辣口味的咖喱
☺ 降低全部商品的卡路里含量
☹ 使对蔬菜·肉类等装饰配品的选择成为可能
☹ 开始销售新型饮料类商品

各项目内容相似时，可以采用相同的颜色或标记表示。一类条目可以包含很多条信息。

细目条款不分行处理

❗

本年度新商品的特点

更新全部食品●开始销售香甜口味的食品●开发面向儿童的食品●大众耳熟能详的名称●加对辛辣口味新食品的投入●继续销售备受好评的辛辣口味食品●开展定期销售●开展定量销售●再次销售超辣口味食品●减少全部食品的卡路里含量●引入蔬菜·肉类等装饰品的选择制度●开始销售葡萄口味的饮料●开始销售橘子口味的饮料●将甜瓜口味的饮料变更为碳酸类饮料●开始销售外卖品●开始销售软罐头食品●对所有食品进行加量处理

一般来讲，细目条款要按分类换行。但也可以不换行，只要保证各项目之间区分明确就可以。

利用椭圆形等圈框细目条款

本年度新商品的关键词

较轻口味	温和口味	香辣口味	热辣口味
数量限定	时间限定	麻辣口味	超辣口味
健康	加量	安全	面向女性
饮料	打包	软罐头装	低价格

通过椭圆形等圈框细目条款的关键字，无需更多的文字表现。相同图形的并排设置，可以强调项目之间的并列性与关联性。

设计
简明易懂的
图表

在图表的设计制作中，
对复杂信息的整理归纳是至关重要的。
另外，只要稍加雕琢，
就可以体现柔和的画面效果。

通过椭圆形和箭头标记表现流程图

电子邮件的基本发送流程

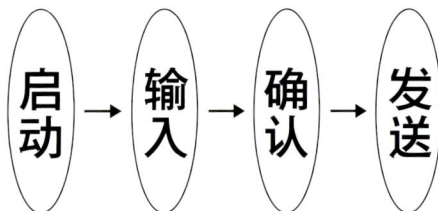

启 → 输 → 确 → 发
动   入   认   送

这是将各项目通过箭头标记连接的最基本的流程图。各项目不用矩形，而是用圆形圈框，给人柔和的印象。

通过一个箭头标记表现流程图

电子邮件的基本发送流程

启动　输入　确认　发送

将各个项目用一个箭头标记连接，互不分离，流程的连贯性更加明显。

圈框流程中的一部分

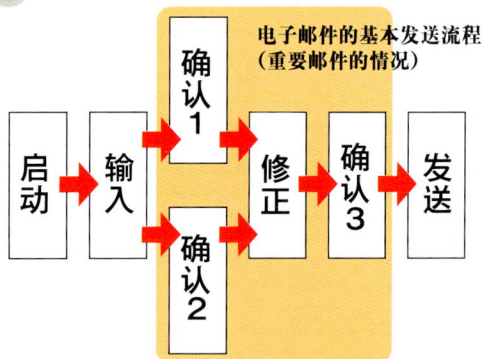

电子邮件的基本发送流程
（重要邮件的情况）

启动 → 输入 → 确认1 → 修正 → 确认3 → 发送
                确认2

圈框流程中的一部分，强调其作为一个集合范畴的整体性。在一系列流程中，突出强调其中的一部分。

用足迹代替箭头标记

我家爱犬的时间表

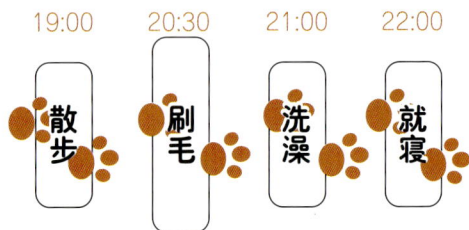

19:00　　20:30　　21:00　　22:00

散步　　刷毛　　洗澡　　就寝

图例中采用动物足迹的插图，模仿人的足迹，视觉效果更加明显。另外，还可以利用交通工具的轨迹来代替箭头标记。

通过图片详细说明具有特色的流程

1. 制作新邮件
2. 输入地址
3. 制作标题
4. 输入正文
5. 发送

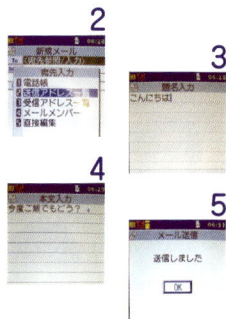

利用序号、箭头等图标，通过图片详细说明具有特色的流程。这种方法可以用于设计详细的流程图。

模型图尺寸与实物尺寸一致

!

CF存储卡　　　XD储存卡　　　SD储存卡

记忆棒　　　记忆棒储存卡　　迷你储存卡

对于大小具有重要意义的项目来说，应尽可能按照实物大小还原模型图的尺寸。整体缩小时，应调整各要素之间的尺寸比例。

通过模型图的尺寸比例强调性能

!

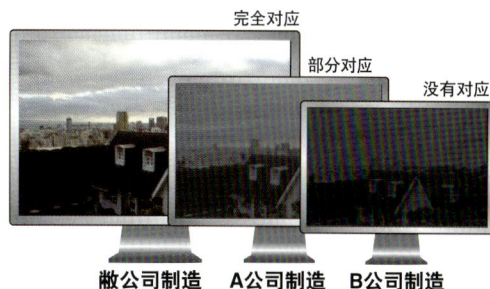

完全对应
部分对应
没有对应

敝公司制造　　　A公司制造　　　B公司制造

意在强调商品性能差异时，可以充分利用模型图的尺寸比例加以表现。但需要注意的是，所示比例并非真实大小，应避免读者误解。

统一模型图中引导线的角度

!

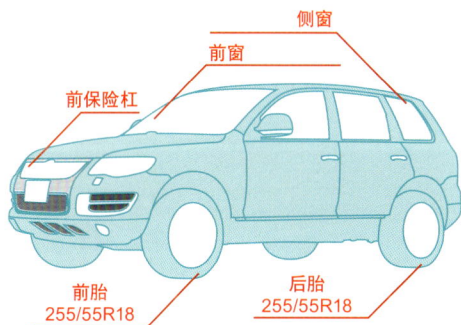

侧窗
前窗
前保险杠
前胎
255/55R18
后胎
255/55R18

很多模型图都会利用引导线来添加说明文字。统一引导线的角度，形成整齐、规范的效果。

手绘模型图中的引导线和解说文字

✿

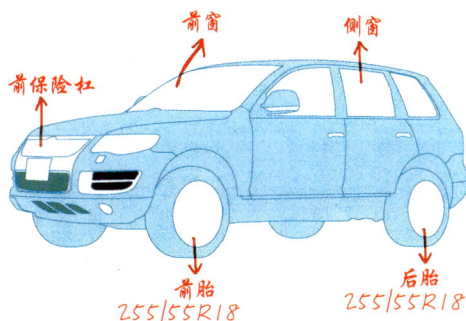

前窗
侧窗
前保险杠
前胎
255/55R18
后胎
255/55R18

需要柔化画面时，可以尝试手绘的方法，能在一定程度上减轻冰冷、僵硬的感觉。

放大显示模型图的局部

!

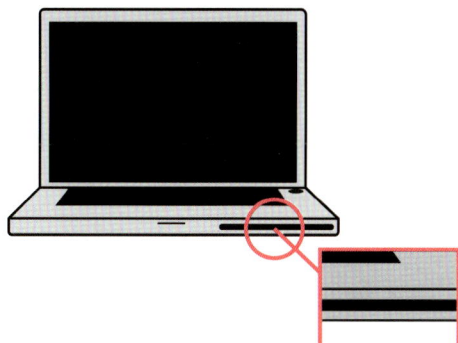

为强调商品局部或详细说明时，可以如上图所示，将局部从整体图中抽出来加以放大。整体与部分的结合是设计模型图的窍门。

将模型图的局部通过照片放大显示

📷

通过照片展现局部特写，营造更具真实感的说明效果。这种非整体的局部照片可以使画面整体效果为之一变。

❶ 无需事先准备
✿ 利用身边的素材
✔ 必须进行手绘作业
📷 必须拍照·扫描
🕐 比较花费时间和精力

153

设计以圆形为基本图形的组织图

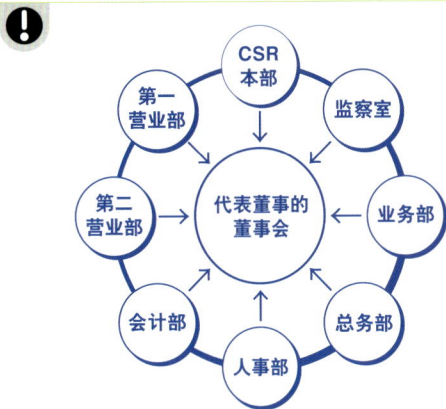

利用圆形和引导线表现各元素之间的联系。与一般的分叉型流程图相比，更能体现变化效果。

通过图形的重叠表现各元素之间的关联性

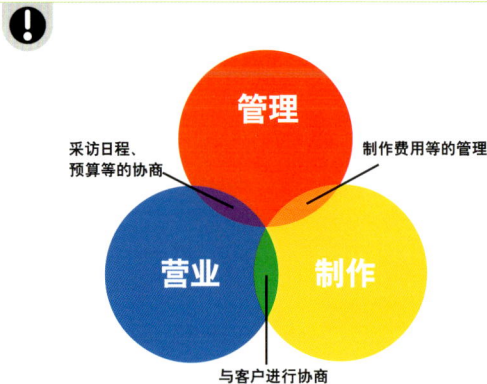

上图中，圆形重叠的部分表示项目元素的交集。业务内容比较复杂时，可以利用这种流程图加以表现。

将组织图与象征性的插图结合

一般而言，文字题材的组织图比较常见。但是，添加相关插图要素之后，能够帮助读者更容易地联想到业务内容。

以体育为主题制作组织图

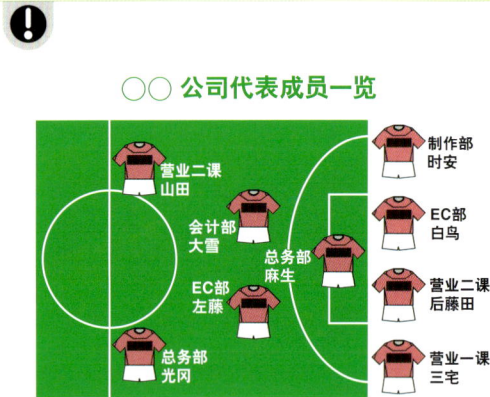

○○公司代表成员一览

以团体竞技项目为主题设计组织图，能够给人团结的印象。同时，可以营造健康、愉快的氛围。

以树木为主题制作组织图

○○公司组织图

以树木为主题制作的组织图属于分叉型流程图的一种。与单纯的图形组合相比，更能体现亲切感。

以房间平面图为主题制作组织图

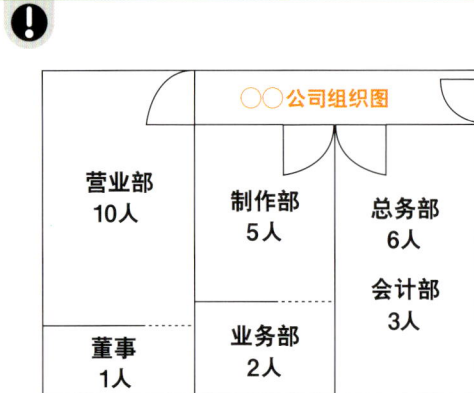

以房间平面图为主题制作的组织图别具特色。实际上，这种组织图也可以表现公司内办公区的空间布局。

以卷轴书画为主题制作组织图

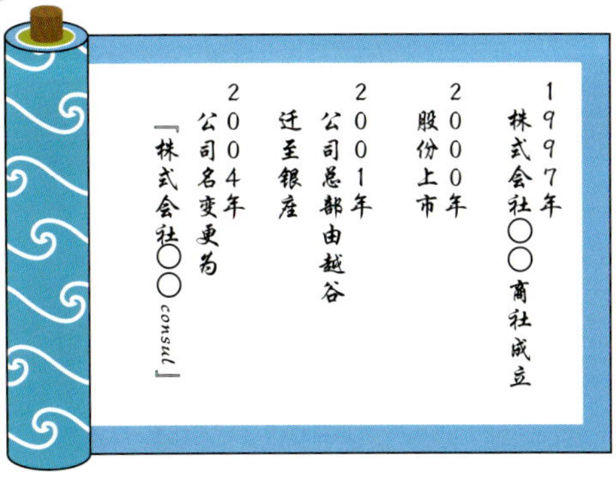

以卷轴书画为主题制作的组织图可以表现公司的历史沿革，能够让人充分感受到历史岁月的痕迹，可谓匠心独具。

模拟年表、日历

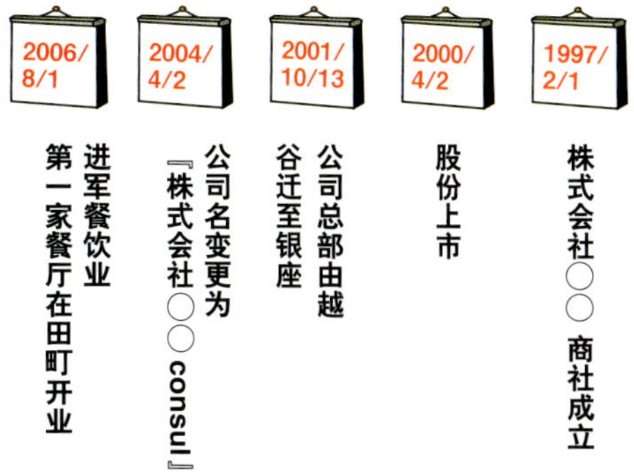

在表现“年月日”时，年表、日历是最佳的设计模式。上图中用的是插图，在条件允许的情况下，利用照片可以大大提高视觉影响力。

以简历为主题制作年表

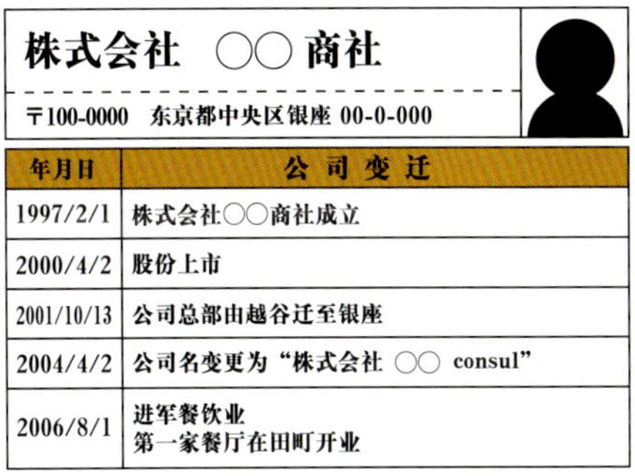

株式会社　〇〇商社

〒100-0000　东京都中央区银座 00-0-000

年月日	公司变迁
1997/2/1	株式会社〇〇商社成立
2000/4/2	股份上市
2001/10/13	公司总部由越谷迁至银座
2004/4/2	公司名变更为“株式会社　〇〇　consul”
2006/8/1	进军餐饮业 第一家餐厅在田町开业

在表现公司的历史沿革时，以简历为主题制作的年表也非常能够体现创意。设计构思巧妙，同时不失严肃认真的效果。

在箭头标识上区分涂色，表现年表

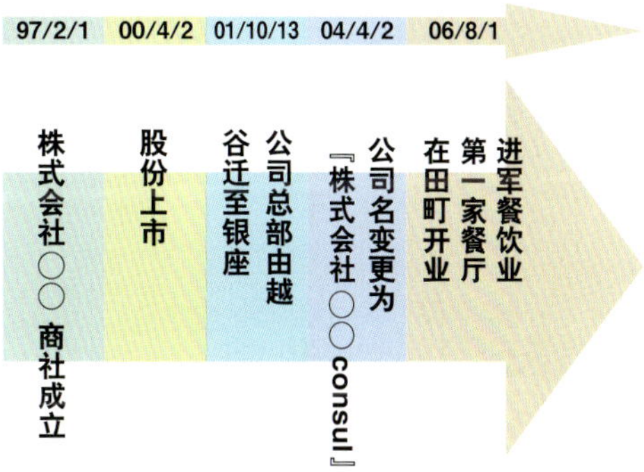

在一个箭头标识上根据时间、年代区分着色，分成若干段，各项目按时间顺序排列，体现了发展的连续性。

重叠多个同心圆，表现年表

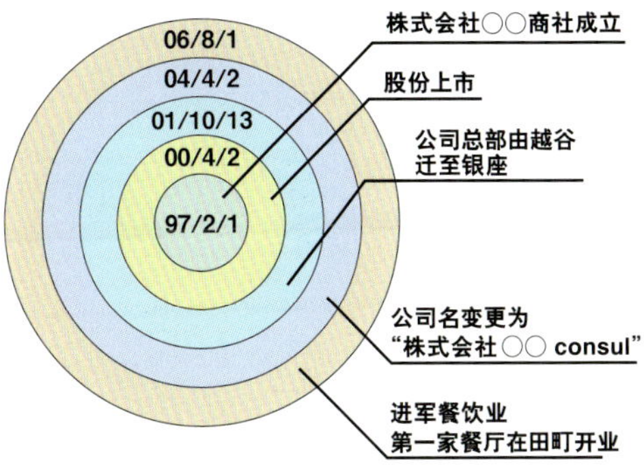

重叠多个同心圆，表现年表。与岁月的“流动”效果相比，更加强调事业“扩展、蔓延”的印象。

将变化的插图与年表组合搭配

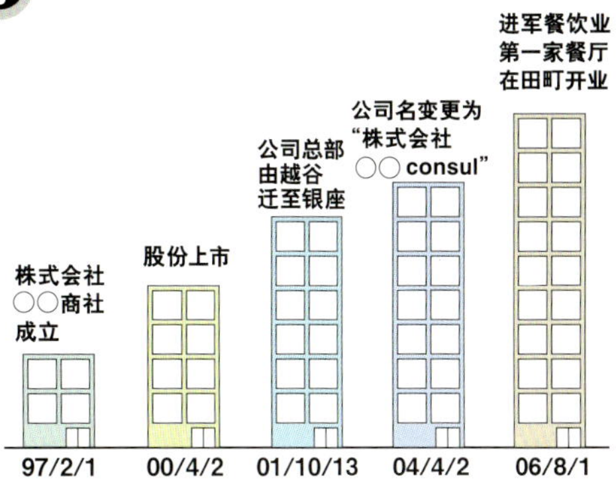

如上图所示，逐渐变大的高楼插图与年表组合搭配，充分表现了“变化”、“发展”的感觉。

绘图不便时，如何添加插图要素

那些对绘画没有自信的人，
经常会为添加插图而苦恼。
在没有追加预算的情况下，
该怎么办才好呢？

利用经过艺术变形的物体

利用布制玩偶、照片等代替动物插图。用厚纸板制作机器人造型也是十分有趣的，虽然制作过程会花费一些时间。

将照片加工成绘画风格

利用图像处理软件，将照片处理成绘画风格。也可以根据技法分类，将其加工成油画风格。

将照片加工成水彩画风格

利用图像处理软件，将照片处理成水彩画风格。如果没有图像处理软件，也可以利用绘画颜料在照片上着色。

将照片加工成波普艺术风格

将华丽的色彩、图案与照片搭配，将照片加工成波普艺术风格。也可以尝试大胆的色彩变化（参照第 113 页）。

将照片加工成剪纸画·版画风格

没有相应的图像处理软件时，可以通过剪贴画的拼接来完成。只要将剪切画粘贴在照片上即可，无需要太多的技巧。

不描绘细节的剪影

对细节描绘没有自信的话，可以通过剪影表现。在照片上大面积涂色即可，无需纠结于细节。

只保留整体轮廓，不描绘细节部分

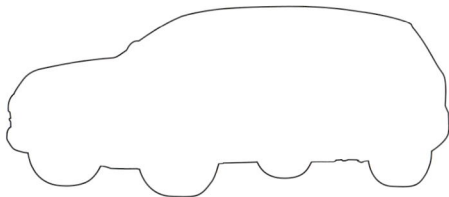

与制作剪影的方法相似，无需在细节部分纠缠。通过轮廓即可识别的商品，可以考虑使用这种方法。

制作像素效果的图

类似电子广告牌的像素效果。对描绘柔美的线条没有自信时，可以采用这种方法。

描摹商品的轮廓

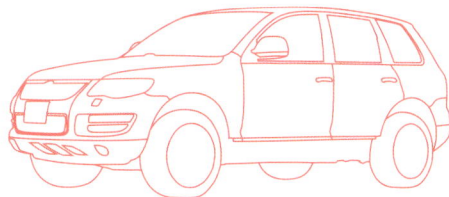

拍摄想作为插图的物体，描摹其轮廓。除了利用图像软件之外，还可以利用描图纸。

描摹商品的轮廓，制作草图

利用铅笔描摹照片中的商品。对描绘柔美的线条没有自信时，可以采用这种方法。类似速写，由铅笔线条大体构成图形即可。

描摹商品的轮廓，制作蜡笔画

利用蜡笔描摹照片中的商品。即使局部线条有些歪扭，蜡笔描绘出的暖色调线条也可以大大提升画面的整体效果。

用表情文字代替插图

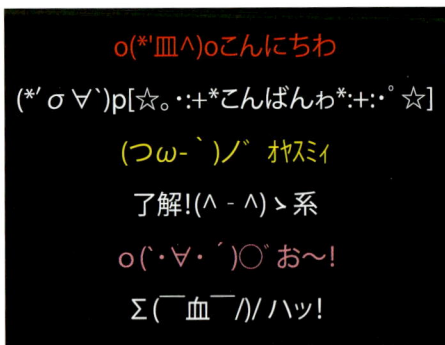

"表情文字"可以通过文字表现表情。只要保证"表情文字"与印刷品的方向性一致，即可以代替插图、照片，给人活泼、愉快、生动的印象。

制作"火星文图案"

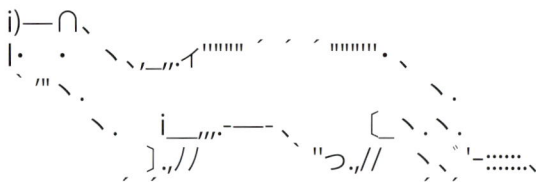

用由各种文字、符号等组合成的图案代替照片、插图。通过文字与符号的组合搭配，可以形成各种各样的图案。

利用文字、数字和标点符号组成图案

将"！"、"？"等标点符号作为图形的一部分，构成插图。片假名、数字等等也可以作为构图元素。

利用专用标记符号

从某种意义上讲，小插图也是文字标点符号中的一种。可以轻松地将各种专用标记符号组合成图案。

将花纹图案作为视觉要素

通过图形的规则排列，代替插图的效果。背景中铺设的插图也可以进行类似图形的替换。

将徽章作为视觉要素

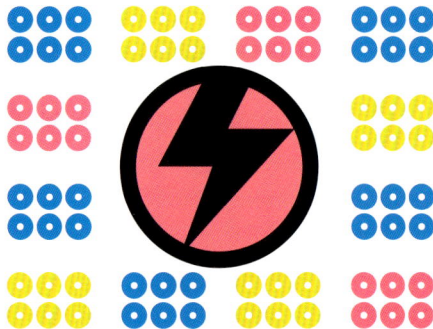

作为几何图案的一种，徽章是非常容易处理的素材。形状各异，不要仅局限于表现日式风格的商品。

通过图形的组合，设计出花朵图案

花朵的图案往往都是作为标志性图形出现的。当无需真实的花朵照片时，通过简单的图形组合，便可以设计出花朵图案。

通过图形的组合，设计出人脸图案

通过圆形、矩形等简单的图形组合，可以构成人脸图案。经过大胆的艺术变形，图案效果非常突出。

通过图形的组合，设计出电脑图案

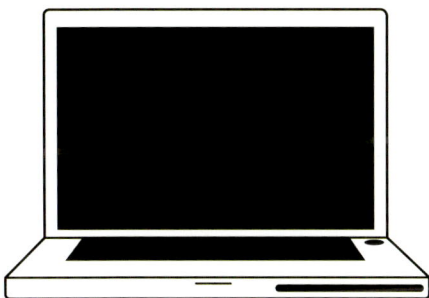

商务笔记本等电脑类器材可以通过简单的图形再现。在省略了细节之后，绘制整体图形十分简单。

通过图形的组合，设计出开关图案

按钮、开关等人工制品也是比较容易通过简单图形再现的。具有象征意义的标志性图案可以用在很多地方。

通过图形的组合，设计出告示牌图案

看板、告示牌可以通过简单的图形组合再现，同时搭配文字要素。这也是单纯利用直线就可以表现的图形，画工要求很简单。

通过图形的组合，设计出动物图案

很多情况下，动物往往作为肖像标记出现，可以通过简单的图形表现。其处理技巧与人脸一样，都是进行大胆的艺术变形。

无需事先准备　利用身边的素材　必须进行手绘作业　必须拍照·扫描　比较花费时间和精力

附录

方法要点

感到"为难"时的思考方法

如果不能灵活运用各种可以解决问题的设计构思,无异于空怀至宝。下面将介绍一些在设计进行到山穷水尽之际的应对方法。

首先从整理问题开始

面对版式设计的具体案例,经常会出现感到"苦恼""为难"的情况。但是,一味苦恼并不能解决实际问题。首先要明确是什么样的原因造成了目前的什么问题。

"材质差""难以达到和谐效果""照片无法裁剪修整,有各种各样的限制"等等,问题的原因各不相同。因此,如果不能明确问题的原因,即使有再多的构思、灵感,也很难找到可以解决问题的方案。

解决方法有很多,关键是具有针对性

灵活运用各种各样的设计构思,可以大大改变印刷品给人的印象。但是,这并非意味着盲目地运用特殊手法就是上佳选择。应结合媒体的特点,充分考虑处理方法是否贴切、得当。

例如,照片的画质较低时,通过电脑软件加工固然是可行的选择,但是"重新拍摄照片"才是最好的解决方案。如果存在客观条件的制约,不能"重新拍摄照片"时,再考虑利用电脑软件对照片进行加工修整。另外,各种方案本身也存在预算、时间、技术等方面的限制。这一点也应该充分考虑,然后再寻找解决问题的途径。

设计时感到"为难"的例子

"准备好的要素存在处理方法上的制约"
"不得不使用画质较低的照片"
"不知何故,总感觉画面的表现力不足"
"总是陷入同一种套路中"
"无法恰当地对各要素进行差别化处理"……

应对方案的摸索

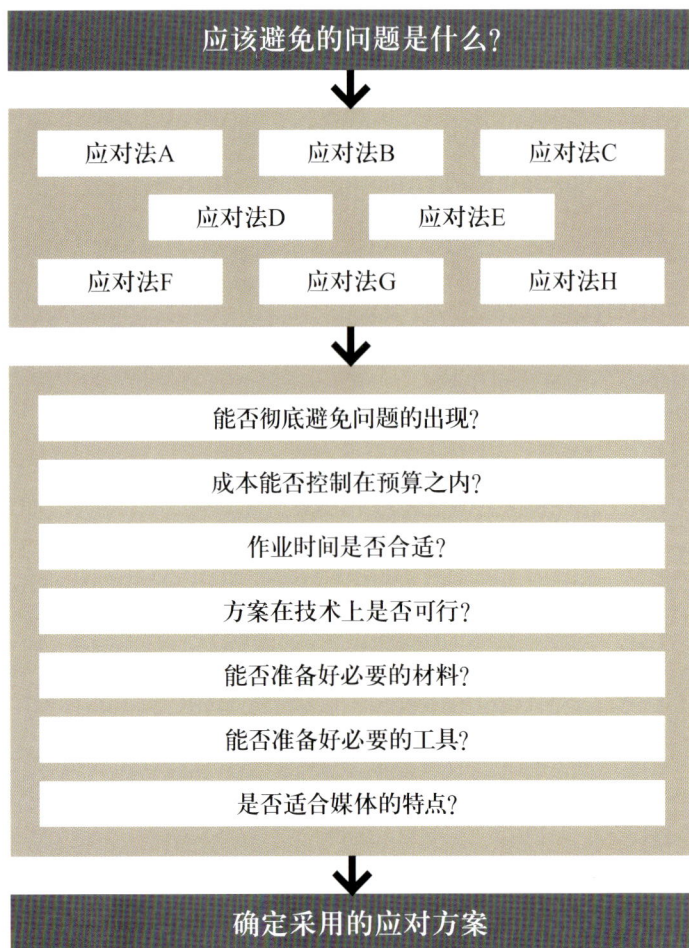

应该避免的问题是什么?

⬇

应对法A	应对法B	应对法C
应对法D		应对法E
应对法F	应对法G	应对法H

⬇

能否彻底避免问题的出现?

成本能否控制在预算之内?

作业时间是否合适?

方案在技术上是否可行?

能否准备好必要的材料?

能否准备好必要的工具?

是否适合媒体的特点?

⬇

确定采用的应对方案

问题的解决方法不仅限于一种。结合各种条件,摸索最恰当方案的过程是最重要的。

明确设计方案中的各种要素

印刷品的版面中包含了各种要素。除了照片、文字、插图之外，版面布局也是非常重要的一个"要素"。根据设计构思对版面进行改造时，应明确"在什么地方展开处理"。因此，一开始便应该确定在哪些目标范围内"希望形成什么样的版面效果""必须回避的问题是什么"等等。否则，大量的要素会使你眼花缭乱，难以从众多的设计构思中选择最恰当的方案。

整合全部要素，构成版面

确定版面的设计重点是一个非常重要的过程。但是，如果只是独立地考虑每个要素的话，版面将会缺乏统一的整体效果。另外，解决一个问题，往往可以通过多个要素的灵活搭配完成。例如，"希望改善由于色彩搭配比较单调而造成的画面平淡效果"时，除了通过文字、插图等单个要素的改进之外，还可以在多个要素的组合方面下工夫。

在对单个要素进行加工时，经常要考虑每次处理会给版面整体带来哪些影响，应尽量避免"只见树木不见森林"的错误。

活用版面要素

● 在版面构成、布局设计上下工夫

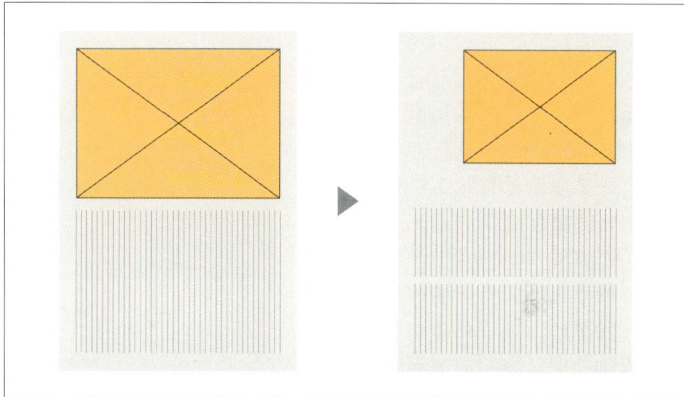

● 在照片的处理方法上下工夫

● 在文字装饰上下工夫

文字装飾 ▶ 文字装飾

● 在背景外观上下工夫

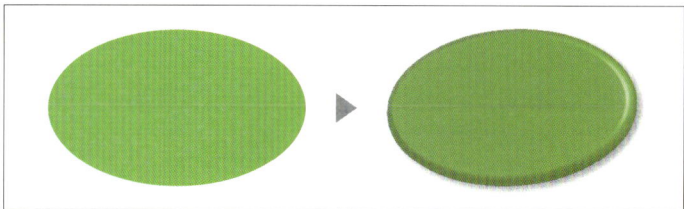

在各版面要素上下工夫

可以灵活运用的要素涉及很多方面。明确在哪一部分展开处理是十分关键的。综合各方面的加工处理，便成为针对整体版面进行的加工处理。

由一个要素派生、演变出无限的可能性

为实现各要素的最佳表现效果，有很多种方法。色彩、形状等基本要素自不必说，尺寸、角度等诸多要素的关联性也是十分重要的。而且，每一个要素都有很多种处理方法。比如以形状为例，圆形、三角形、矩形等等，种类变化无穷无尽。掌握各种要素及其恰当的表现方法是十分重要的。设计中要对各要素进行优化处理，展现印刷品的多样性效果。

同一构思，不同的结果

经过相同处理的要素，其展现的效果也有可能不尽相同。无论是形成多么特殊的视觉效果，如果与媒体所追求的印象不符的话，对其进行的加工处理仍然不能说是成功的。在开始具体工作之前，一定要认真考虑这种处理对于版面来说是否是恰当的。

另外，解决一个问题的方案有可能会带来其他意想不到的问题。设计出完美的作品很难，从某种意义上讲，设计是没有绝对标准答案的。但是，应该尽可能避免明显的不足与瑕疵。

处理方法和结果

加工处理之前的原照片。

在色调方面下工夫的案例。
如果仅需要通过视觉要素展现照片的意象效果，则 OK。如果追求准确再现照片中的景物内容和色彩，则 NG。

在形状方面下工夫的案例。
如果条件允许，可以裁剪修整照，则 OK。如果条件不允许的话，则 NG。

在外围边框方面下工夫的案例。
如果是旨在表现华丽、热闹的版面效果，则 OK。如果是旨在营造和谐、朴素的版面氛围，则 NG。

注意避免因过度装饰而给人以散漫的印象

装饰文字、加工照片等设计手法可以成功、有效地点缀版面。然而，如果过度使用这些特殊的视觉效果，会适得其反。对一个版面中的全部要素进行过度修饰的话，将会给人凌乱、散漫的印象。只要是没有特别的表现意图，应避免因过度装饰而造成的散漫效果，确保不削弱各要素的作用和意义，并最终形成重点突出、张弛有度、层次分明的版面效果。

由逆向思维衍生出的设计构思

利用各种制约条件表现版面，来自"逆向思维"的构想。作为具体的处理方案，这种逆向思维非常有效。例如，经过涂色、字号放大等处理的要素会非常醒目，但是如果将多个经过相同处理的要素并置，则只经过简单加工，或完全没有经过加工的要素会更加醒目。

补充一点，"制约"本身也可以从"逆向思维"的角度思考。可以不将"制约"视为消极因素，而将其视为体现设计方向性的重要元素，认真思考"将其视为制约是否恰当"。设计时与广告客户进行积极交流，摸索排除"制约"的解决方法。

设计要素之间的平衡性

加工处理之前的原文字。

归纳各要素的作用，保证平衡效果。对部分文字进行加工处理，能够很好地区分主次关系并体现相互之间的关联性。

对所有的文字要素都进行了加工处理。不可否认，版面给杂乱、散漫的印象，削弱了文字要素之间的关联性。

体现设计构思中的逆向思维

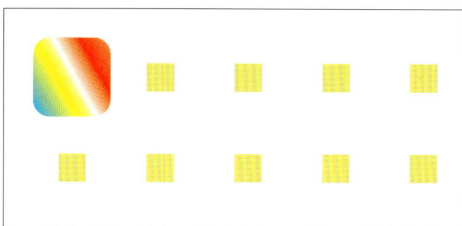

一般而言，经过修饰加工处理的要素要比其他要素更加醒目、独立。

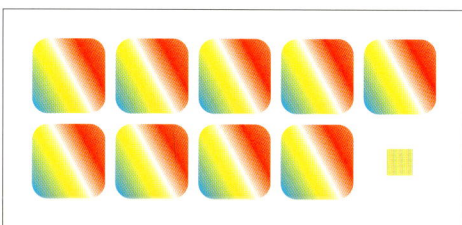

然而，有些时候，"刻意不加工处理的"要素更能够吸引读者的视线。

关于版面布局的基础知识

成功运用各种设计手法的大前提是熟知版面布局的"规则"。为了使设计构思充分发挥效果，必须掌握版面布局的基本要点。

整理要素的种类和数量

在设计方向不明确的情况下进行布局设计，很难打造出富有魅力的版面。因此，在进行正式的布局设计之前，必须整理需要登载在版面上的各种素材的种类和数量。通过把握"文字量大概是多少""有多少张照片"等信息，对布局要素进行大体分配。

理解各要素的作用，并对其进行分类

在版面设计的过程中，明确把握各要素的作用也是十分重要的。对主体照片和补充照片进行分类，将具有较高表现力的要素进行归类，这些工作是避免不恰当布局分类的必要步骤。

同时，以布局设计当中的色彩、形状等要点为基准，将各要素进行分类也是很有效的。也就是说，同一要素可以按照不同的基准来进行分类。

另外，不能确定要素的作用时，应事前进行确认。通过积极与编辑负责人、广告客户交流，消除疑问。

构成版面的各种要素

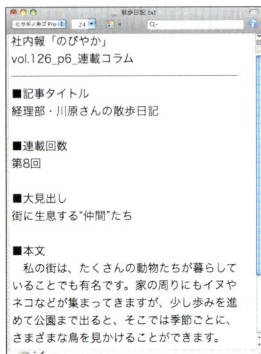

印刷品的版面中包含了文字、照片、图表等各种要素。在考虑其各自的重要性和比重的基础上进行整理、分类是必要的。

根据不同基准对要素进行分类

● 准备好的照片

● 根据被摄体进行分类

● 根据照片的形状、构图进行分类

整理相同的要素，由于基准不同，分类方法也不同。根基不同基准进行分类，可以使今后的布局设计更加流畅。

通过差别化处理，
使特定要素更加醒目

　　对各个要素进行分类时，尤其重要的一项工作就是确定"应该保证哪个要素更加醒目"。作为重点要素，在处理上是应当与其他要素体现出差别的。为保证体现版面重点突出、张弛有度、层次分明，将报道的意图准确传达给读者，有必要使要素在顺序上、等级上体现出差别。

　　展现视觉上的差别化，可以体现在要素的体积、颜色、形状等方面。一般来讲，体积较大、颜色的明度和饱和度较高、形状较特殊的要素会比较醒目。根据情况，有时也可以逆向思维反其道而行之，但基本原则还是要牢记于心。

无差别化处理
可以表现示并列关系

　　与上述内容相反，大小、颜色、形状等方面完全相同，即各要素不体现出差别化效果。也就是说，诸要素在重要性程度上没有差别时，通过相同的处理方法，可以表现要素之间的并列关系。

　　需要显示不同的地方，充分进行差别化处理；不需要显示不同的地方，也不要画蛇添足。只要正确把握了这一点，就能够设计出准确反映设计者意图的版面了。

对要素进行差别化处理的基本方法

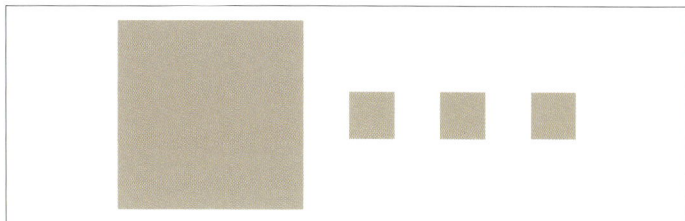

体积较大的要素比体积较小的要素更加醒目。

色彩明度、饱和度较高的要素比色彩明度、饱和度较低的要素更加醒目。

形状较特殊的要素比形状普通的要素更加醒目。

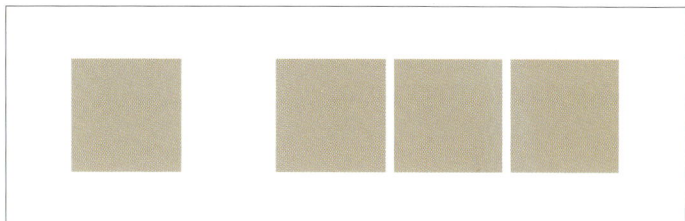

独立于其他要素，位置比较特殊的要素更加醒目。

差别化处理方法使用过度，造成要素之间主次不清、重点不突出。

通过取齐处理，
体现版面的整齐效果

　　大脑空空，什么也不想，零散地摆放各要素，是无法设计出整齐、美观的版面的。与差别化处理手法相同，将各要素取齐，也是布局设计中的基本方法之一。

　　"取齐"包括了统一颜色、大小、空白量等很多方面。其中，尤其重要的是"线"的取齐。分割线等容易识别的线条自不必说，从照片的框线、文字框等很多版面要素中都可以感受到"线"的存在。使其能够连成一条直线，可以体现要素整齐排列的效果。

非直线要素
根据视觉观察取齐

　　另外，线条取齐的处理方法并非仅限于四边形等直线型要素。圆形、不规则形的图形也可以取齐。

　　需要注意的是，不能仅仅依赖于数值，还要通过视觉观察调整、取齐。对直线形要素进行取齐时，依据"距离哪端几厘米"等数值进行判断十分便捷，但是有时一些要素会表现出错位的感觉。因此，在依据数据进行处理的同时，还要通过视觉观察进行调整、取齐。

对要素进行取齐的基本方法

通过对各要素外围边框的线条和排列间隔的取齐，体现整齐的效果。

不明确排列基准时，给人以散乱的印象。

进行对齐的基本处理，通过要素的错位摆放，体现特定要素的重要性。

数值一致，但圆形要素会给人一种没有对齐的印象。

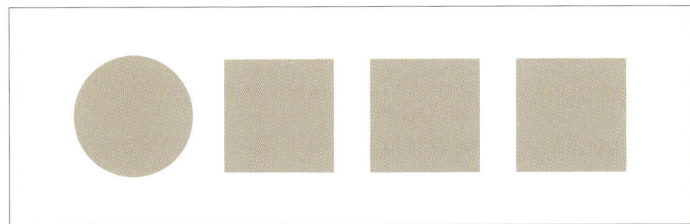

通过视觉观察，对圆形的大小进行调整，版面给人以整齐、规范的印象。

选择恰当的文字字体

标题、文本中出现的文字是印刷品的设计要素。因此，对文字的相关处理，在表现版面整体效果方面有非常大的作用。

最基本的就是根据版面的长短，选择恰当的字体。除了明朝体、黑体等差别比较大的字体系列外，字体之间的细节部分和大小都不尽相同。单纯改变文字的字体，印刷品给人的印象就会发生很大的变化。因此，应当在考虑版面效果和阅读便利性的同时，谨慎地选择文字字体。

字间距处理的方式和类型

利用电脑打出的日文基本上都是在看不到的正方形内分配一个字的量。根据相对于正方形字框所展现的文字的大小比例（字面），不同文字的形状，使人感觉到文字前后存在不恰当空间的字体有很多。为避免这种现象，特别是大号标题文字，需要对字间距进行调整、处理。

另外，应该区分使用以下两种排版方法，①像稿纸那样，每行字数一定，字数一满就换行的"箱匣式排版"；②根据断句调整换行的排版法。前者容易计算文字量，呈直线形，后者可以任意调整文字空间，体现动态效果。

不同字体体现不同的效果

各書体の特徴 　●明朝体（MingLIU M-KL）
各書体の特徴 　●黑体（中 Gothic BBB）
各書体の特徴 　●圆体（新圆 Gothic R）
各書体の特徴 　●教科书体（教科书体 ICA-M）
各書体の特徴 　●楷书体（新正楷书 CBSK1）
各書体の特徴 　●特色书体（单手 M）

文字间距的处理

●不缩减字间距的文字行
字間を詰める
●均等的字间距
字間を詰める
●成比例的字间距
字間を詰める

处理文字字间距时，一般有两种方式，即等间距排列和根据文字规律改变字间距。

箱匣式排版和根据断句换行排版

私の住んでいる街は、たくさんの動物たちを見られることで有名です。人家の近くに暮らすイヌやネコをはじめ、公園では、さまざまな鳥を見かけることができます。

私の住んでいる街は、たくさんの動物たちを見られることで有名です。人家の近くに暮らすイヌやネコをはじめ、公園では、さまざまな鳥を見かけることができます。

箱匣式排版（左），容易计算文字量，遇到句号、逗号等不能出现在行首的符号、文字时，需要利用字间距调整。根据断句换行排版（右），每行的长度不一致，可通过行的长度改变文字版面的结构和形状。

169

使用数码图像的技巧

近年来，数码相机、扫描仪迅速普及。进行图像加工时，大都会利用专业软件。下面，介绍一些处理数码图像时的注意事项。

利用数码图像拓宽表现的范围

利用数码图像可以达到很多表现效果。市面上有很多种图像处理软件，如专业"Photoshop"、面向初级用户的"Photoshop Elements"等等。通过调整色调、剪切变形、大胆地添加变化，可以形成各种不同的视觉效果。

利用具有适当解析度的数码图像

数码图像是由像素集合而成的。像素，即表示以何种密度集合的"解析度"。像素数值一般以1英寸内分布的像素数「ppi(pixel/inch)」为基准，以点数「dpi(dot/inch)」为单位。结合图像的尺寸，可以掌握总像素数。

一般的商业印刷品推荐使用300~350dpi的图像。通过图像处理软件，可以轻易放大图像的尺寸。但为了确保不影响解析度，必须要有对不足的像素自动补足的"再生样本"。这种处理很容易破坏图像的真实美观效果，所以最好事先根据解析度确定图像的尺寸。

如何利用数码图像

随意调整图像的明度、对比度，大胆地调整色调，这些操作可以轻松进行。

根据剪裁方法，图像的效果可以产生很大的不同。利用图像处理，软件可以轻松完成操作。

解析度和印刷品的质量

数码图像由像素集合构成。放大图像，可以看清其构造。

175 线的印刷要求 350 dpi 左右的图像解析度（左）。
解析度不足的图像，画面模糊（右）。

RGB、CMYK 等
不同的色彩模式

　　作为数码图像的相关知识，还有一个非常重要的"色彩模式"。在色彩表现中有两大原则，即由R(红色)、G(绿色)、B(蓝色)构成的"光的3原色"和由C(青色)、M(品红色)、Y(黄色)构成的"色的3原色"。数码相机拍摄出的图像是RGB图像，一般商业印刷中的图像是在CMY中添加K(黑色)后构成的4色图像。

　　将RGB图像转换成CMYK图像，可以通过Adobe Photoshop等软件进行处理。另外，要事先确认应在拍摄、设计、印刷中的哪个流程对照片进行调整，避免不必要的麻烦。

各种不同用途图像的
保存格式

　　用家庭用数码相机等拍摄的图像，一般采用JPEG格式保存。但是，JPEG图像的数据虽然比较小，反复保存却存在画质不断损失的缺点。

　　而且，由于输出效果的问题，也不适合用于商业印刷品，因此商业印刷品一般采用EPS格式或PSD格式的图像。设计时应综合考虑制作媒体和程序，转换成适合的保存格式是很重要的。

RGB 模式和 CMYK 模式

数码相机拍摄的图像一般由"光的3原色(RGB)"构成。为配合一般的4色印刷，需要转换成 CMYK 模式。

在 CMY "色的3原色"中添加 K 之后的4色图像，其色彩范围比 RGB 图像要小。经过转换处理后，被摄体的色调可能发生变化。

灰度图与双色调图

黑白单色图像在数码数据处理中称为"灰度图"(左)。另外，没有灰色过渡，只通过白色和黑色表现的双色调图像(右)也可以灵活应用于很多设计场合。

图像的剪切处理
及注意事项

　　数码相机拍摄的图像一般呈长方形。但是，为了配合版面，体现动感、变化的效果，经常要利用电脑软件，将其变为圆形，或沿被摄物体的轮廓线裁剪等等。

　　对于初学者来说，剪切处理中经常出现的错误就是将本想除去的背景残留了下来。应掌握在背景中铺设底色的正确方法。

利用卡规
剪切图像的方法

　　在图像剪切处理中，最基本的方法就是利用卡规，将准备剪裁部分的轮廓摹绘下来，然后将轮廓的连线作为裁剪的基准线，正如Photoshop里的"裁剪"功能。事先设定卡规，可以任意操作利用卡规围起来的部分。

　　另外，利用卡规进行的裁剪处理，通过软件也可以实现，如在插图、单页媒体的设计过程中经常运用的Illustrator软件也可以对照片进行剪切处理。通过设定，可以将卡规圈起之外的部分隐藏起来。这种功能称为"剪贴蒙版"。

体现版面变化的裁剪加工

将图像设定为圆形，或沿轮廓线剪切，体现富于变化的效果，为版面增加动感。

体现版面变化的裁剪加工

剪裁过的图像固有背景色是白色，放在绿色的圆角矩形边框内，不能体现出正确的裁剪效果（左）。经过正确处理后的效果（右）。

利用卡规的裁剪

● 原图像　　　　● 卡规连线状态　　　　● 剪裁后的状态

利用卡规裁剪图像的方法与 Photoshop 里的"裁剪"功能类似。事先设定卡规，可以任意操作利用卡规围起来的部分。

通过删除背景剪切图像的方法

　　删除图像中某个不重要的区域，露出白色背景的图像剪切方法是不正确的。但是，将背景设置为透明状态，以便更好地裁切图像的方法近年来越来越流行。

　　删除图像中某个区域的最简单的方法是利用Photoshop里的"橡皮擦工具"。但是，这种方法难以调整画面的细节部分。因此，建议先选定需要删除的选区，然后删除。选定选区的方法很多，可以利用卡规，还可以利用魔棒工具、套索工具、磁性套索工具等。

认真检查图像的裁剪效果

　　运用软件对图像进行自动剪裁，非常便捷。但是，也有可能得到意想不到的效果。因此，自动剪裁之后，仔细观察，对图像的细节部位进行确认是非常重要的。如果背景是透明状态，对细节部分的确认十分困难。所以，剪裁处理之后变换背景颜色，再进行确认，没有问题后，再将背景设置为透明状态。

透明背景状态下的剪切

利用 Photoshop 里的"橡皮擦工具"，对图像进行局部删除（左）。
为剪切图像，将背景设置为"透明"状态（右）。

通过选定选区删除图像的方法

进行准确度较高的图像剪切时，建议采用选定选区删除图像的方法（上）。而磁性套索工具可沿着图像轮廓自动选定选区（下）。

自动处理和最终确认

Photoshop 软件的"抽出"滤镜可以通过绘制边线并填充颜色来提取特定的图像（左）。抽出需要的部分后，不需要的部分会被自动删除为透明状，因此通过视觉观察进行确认是非常重要的步骤（右）。

体现手工质感的技巧

完全利用数码技术处理的版面，经常会给人以表现力不足的感觉。所以，采用手工作业、稍加修饰，就可以表现出不同的效果。手绘文字、增加纸面的材质感等等，有很多方法都可以体现手工质感的效果。

利用手绘方法，营造手工制作的氛围

完全利用数码技术处理的印刷品，整齐美观，但经常会给人一种表现力不足的感觉。在加工处理时，进行手工作业是非常有效的。以手绘图形等自然朴素的素材为主题，其变化方法多种多样。苦于设计无方时，可以将利用手绘方法、营造手工制作氛围的方案作为首选方案。

将手绘文字或线条进行数据化处理

不规则是手工制作的特点，但是如果不进行一定程度的整理，有可能会给人杂乱无章的印象。手绘时如果不设定基准，画面是难以成形的。一般将现有字体、方格纸作为基准，或者利用规尺等工具。

在设计中运用手绘文字或线条时，经常需要用扫描仪等设备对其进行数据化处理。但是，成功地对细线条进行剪切是极难的事情。因此，可以将其作为双色调图像进行数据化处理。

进行双色调图像数据转换处理的另一个优点是便于利用电脑软件设定颜色。结合版面的构成，能够轻松便捷地进行色彩变更。设计时以右侧图示顺序为参考，掌握数据化处理的方法。

利用手绘方法进行修饰加工

手绘文字、缝线图案等等，方法不胜枚举，体现别致、朴素的效果。

利用方格纸等作为基准

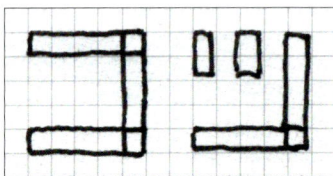

利用方格纸、规尺等作为基准，比较容易给人整齐的印象。利用缝线图案时，可以事先印刷出缝线的基准线。

手绘线条的数据化处理

对手绘线条、缝线图案进行扫描。

提高对比度，修饰白边和粗糙的局部。

转换成黑白双色调图像，以 PSD 格式保存。

利用电脑软件，变换色彩。

利用日常生活中的
素材体现变化

　　进行要素的处理加工时，"素材"本身也是非常讲究的。如，在背景中铺设的色彩的质感，文字的边框，凸显要素的装饰背景等等。

　　选择素材的窍门是首先从身边的事物入手。一些日常看起来平淡无奇、索然无味的素材，经过设计加工，往往能够陡然一变，成为非常好的设计元素。

　　日常生活中的素材种类繁多，纸张是活用范围非常广的素材之一。纸张不同的种类各自有相应的特征、风格，印刷用纸、工业用纸都是可以选择的素材。

平日里多收集
不同种类的素材

　　素材是在设计过程中束手无策时的良方。但是，一旦当你想利用素材体现版面效果时，往往一时之间找不到合适的选择。因此，建议在平日里注意收集一些比较中意的纸张、布料等能够应用于各种场合的素材，避免"书到用时方恨少"。当然，还包括一些能够用于制作插图的照片。广泛收集不同种类的素材，扫描后将其进行数据化保存，制作属于自己的资料库。

日常生活中素材的利用

平淡无奇的树叶经过扫描，添加文字效果，可以成为起强调作用的素材。

纸张、木板、布料等素材可以作为体现质感的背景应用。要使设计更加得心应手，平时应注意多收集各种素材。

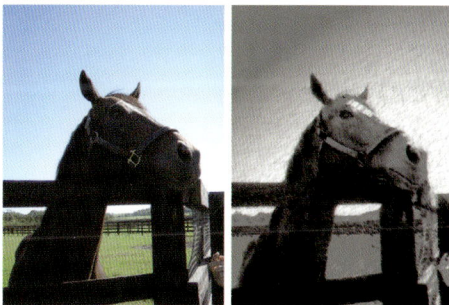

日常拍摄的照片也可以作为插图素材，应用灵活而广泛。

代表性的素材和工具

● 纸类	带有压印浮雕花纹等效果的纸等等
	牛皮纸、日本纸、半透明纸使用起来也很方便
● 布类	各种质地都可以灵活运用
● 绳类	广泛应用于表现线条的设计场合
	可以收集日常生活中具有各种质感的绳子
● 玩具	很多玩具具有独特的颜色和形状
	可以营造轻松、愉快的氛围
● 食品	五颜六色的点心可以广泛应用于各种设计
● 自然	石头、树叶等没有成本，收集起来非常容易
● 文具	铅笔、自来水笔、蜡笔等画出的线条各有特色
● 复印机	利用复印、传真进行粗糙化处理
● 相机	保存日常拍摄的照片，以备不时之需

デザインアイデア&ヒント
DESIGN IDEA & HINT
by Tsuyoshi Sasaki
© 2009 Tsuyoshi Sasaki
© 2009 Graphic-sha Publishing Co., Ltd.

The original Japanese edition was first designed and published in 2009 by Graphic-sha
Publishing Co., Ltd. 1-14-17 Kudankita, Chiyoda-ku, Tokyo, 102-0073 Japan

Simplified Chinese edition © 2010 China Youth Press

This simplified Chinese edition was published in China in 2010 by:
China Youth Press
Room 2-9A01,
Dacheng International Center,
No. 78 Dongsihuan Zhong Rd.,
Beijing 100124 China

Chinese translation rights arranged with Graphic-sha Publishing Co., Ltd. through Japan UNI
Agency, Inc., Tokyo

ISBN: 978-7-5006-9328-4
First printing: July, 2010
Printed and bound in China

律师声明

侵权举报电话

全国"扫黄打非"工作小组办公室
010-65233456　65212870
http://www.shdf.gov.cn
中国青年出版社
010-59521012
E-mail: editor@cypmedia.com

版权登记号: 01-2010-2861

图书在版编目 (CIP) 数据

版式设计全攻略 / (日) 佐佐木刚士编著; 暴凤明译.
一 2版. 一 北京: 中国青年出版社, 2014.10
ISBN 978-7-5153-2862-1
I. ①版… II. ①佐… ②暴… III. ①版式 - 设计 IV. ①TS881
中国版本图书馆CIP数据核字 (2014) 第243879号

版式设计全攻略

(日) 佐佐木刚士　编著

出版发行: 中国青年出版社
地　　址: 北京市东四十二条21号
邮政编码: 100708
电　　话: (010) 59521188 / 59521189
传　　真: (010) 59521111
企　　划: 北京中青雄狮数码传媒科技有限公司
责任编辑: 刘冰冰　赵媛媛
封面设计: 张宇海

印　　刷: 北京九天众诚印刷有限公司
开　　本: 787×1092　1/16
印　　张: 11
版　　次: 2015年5月北京第2版
印　　次: 2015年5月第1次印刷
书　　号: ISBN 978-7-5153-2862-1
定　　价: 59.00元

本书如有印装质量等问题, 请与本社联系
电话: (010) 59521188 / 59521189
读者来信: reader@cypmedia.com
如有其他问题请访问我们的网站: www.cypmedia.com

"北京北大方正电子有限公司"授权本书使用如下方正字体
封　面: 方正兰亭粗黑简　方正兰亭纤黑简